초등 국영수 공부법

● 초중고 입시 전문가가 알려 주는 성적 관리의 비밀 ●

초등

국영수

공부법

정영은(입시 컨설턴트) 지음

유노
라이프
LIFE

○ 들어가며

이제는
아이의 진짜 성적을
파악해야 할 때

"선생님, 우리 아이가 초등학교 때는 대회에서 상도 받고 공부를 참 잘했었거든요. 지금 잠깐 성적이 떨어졌는데 원래 잘하는 아이예요."

"아이가 중학교 때까지 평균 90점 밑으로 내려가 본 일이 없어요. 그런데 고등학교에 올라온 뒤부터 성적이 계속 떨어지네요. 방법이 없을까요?"

"기본 문제는 잘 풀거든요. 그런데 심화 문제에서는 맥을 못 춰요. 공부머리가 없는 걸까요?"

아이가 중학생이 되고 고등학생이 되면서 성적과 등수가 '곤두박질친다'는 부모의 푸념이 이어집니다. 초등 부모들도 선배 부모들의 고충을 전해 듣고는 불안한 마음에 일찍부터 선행 학습을 시작합니다. 경쟁은 심해졌고 아이들의 스케줄은 어느 때보다 바빠졌습니다. 그런데 이상하지요?

아이가 학원도 열심히 다니고 문제집도 더 많이 풀면서 귀가 시간은 점점 늦어지는데, 어찌된 일인지 고학년이 될수록 아이의 성적은 올라갈 기미가 없습니다. 도대체 왜 아이의 성적은 계속해서 떨어질까요? 선배 엄마들의 이야기처럼 갈수록 학습량이 늘어나고 공부가 더 어려워졌기 때문일까요?

갈수록 공부의 난이도가 높아지고 아이들이 공부할 양도 늘어납니다. 하지만 이는 우리 아이에게만 벌어지는 특별한 일이 아니라 모든 아이에게 공통적으로 적용되는 사항일 뿐입니다. 모두가 동일한 어려움을 느끼는데 우리 아이만 성적이 떨어진다면 구조의 문제가 아니라 우리 아이에게 무언가 좋지 않은 일이 벌어진다는 증거입니다.

우선, '아이의 성적이 떨어졌다'라는 말부터 살펴볼까요? 사실은 아이의 성적이 떨어진 것이 아니라 원래 아이의 본래 실력이 그동안 감춰져 있다가 고등학교에 가서야 드러난 것뿐이라면 어떨까요? 처음부터 전략을 달리 세워야 하지 않을까요?

초등학교와 중학교의 공식적 성적 체계는 상대평가가 아닙니다. 등수가 중요하지 않은 평가를 치르고 있고, 그로 인해 시험 문제 구성과 난이도도 고등학교와는 매우 큰 차이를 보입니다. 그러다 보니 초등학교, 중학교 때는 공부를 잘한다는 우등생이 한 반에도 네다섯 명씩 존재합니다. 그런데 고등학교에서 우등생 명함을 유지하는 1등급의 아이는 30명을 기준으로 할 때, 한 반에 겨우 한 명뿐입니다.

반에서 5등을 하는 아이는 중학교 때까지는 꽤 공부를 잘하는 아이라고 불리다가 고등학교에 와서는 똑같이 5등을 했음에도 3등급이 되어 애매한 위치에 처하고 말지요. 아이의 실력과 위치는 변하지 않았는데 중학교까지는 우등생 또는 모범생이라 불리다가 고등학교에서 우등생 명함을 빼앗겨 버립니다. 고등학교 입학 후 학업 의지를 놓거나 슬럼프에 빠지는 아이들이 가장 많은 이유입니다.

여기에 문제가 하나 더 있습니다. 바로, 부모와 아이가 생각하는 '학교'가 사실은 같은 '학교'가 아니라는 현실이지요. 부모가 다녔던 20~30년 전 학교는 성적과 등수가 절대적으로 중요한 지표여서 성적표에 적힌 몇 개의 숫자만 신경 쓰면 되는 시대였습니다. 하지만 요즘 학교와 입시는 숫자 몇 개로 학생을 판단하지 않습니다.

대학은 숫자 너머에 존재하는 학생의 진짜 모습을 파악하기 위해 고군분투하고, 학교와 교사는 숫자로는 말할 수 없는 학생을 보여 주기 위해 학생부를 채우려 안간힘을 씁니다. 새로운 시대, 새로운 학교를 다니는 아이들은 성적표 위의 숫자와 학생부 안의 역량을 모두 챙겨야만 자신이 꿈꾸던 목표에 도달할 수 있습니다. 그렇다면 숫자와 역량, 이 두 마리 토끼는 어떻게 해야 모두 잡을 수 있을까요?

부모님이 가장 먼저 해야 할 것은 우리 아이 실력을 객관적으로 파악하는 일입니다. 아이의 실력을 제대로 보지 못한 상황에서 전략을 짜면 결국 실패할 수밖에 없으니까요. 남들이 이야기하는 기준이 내 아이에게도 적용되면 간단하겠지만 안타깝게도 아이들에게 '학습이라는 빌딩'의 높이는 저마다 모두 다릅니다.

어떤 아이에게 이 빌딩은 거의 2층 정도에 불과하지만 어떤 아이에게는 63빌딩보다 높은 건물처럼 아득한 존재입니다. 때문에 "이 과목은 3개월 만에 끝내라"라거나 "이 과목 점수 향상을 위해서는 ○○이라는 문제집이 최고다"라는 식의 조언은 결코 모든 아이들에게 알맞은 해결책이 될 수 없습니다. 부모가 직접 내 아이가 지금 처한 상황을 살펴야 하는 이유이지요. 아이와 학습에 대해 끊임

없이 대화하고, 아이를 담당하는 선생님과 주기적으로 피드백을 주고받아야 합니다. 아이가 흘리듯 속마음을 툭 던지는 신호를 정확히 잡는 일도 중요하지요.

아이 성적의 정확한 위치를 파악했다면, 그다음 단계는 무엇일까요?

앞서 말한 학습이라는 빌딩은 옥상까지 가는 길이 여러 갈래라는 특징이 있습니다. 함정이 도사리는 길도 있고 아무리 열심히 올라도 중간에 끊겨 결코 옥상까지 오를 수 없는 길도 존재합니다. 많은 아이와 부모는 '혹시 존재할 지도 모르는 지름길'을 찾아 나서지만 지름길은 존재하지 않습니다.

사실 이 빌딩은 입구에 옥상으로 가는 빠른 길이 표시되어 있습니다. 전문가들이 입을 모아 말하는 학습의 가장 빠른 길, '정도(正道)'이지요. 학습의 방향을 잘못 잡은 아이는 초반에는 무리 없이 빌딩을 오르는가 싶다가도 중간에는 길을 잃고 헤맵니다. 저학년 때는 빠르게 치고 나가다가 정작 중요한 고학년이 되어서는 학습 능률이 오르지 않거나 주저앉고 맙니다. 이것이 바로 학습의 첫걸음이 시작되는 초등부터 학습 방향이 중요한 이유입니다. 초등부터 꼼수를 찾아 헤매는 습관을 가지게 되면 나중에 길을 바로잡기가

초등 국영수 공부법

매우 어려워집니다. 어디서부터 잘못되었는지 가늠조차 안 되니까요.

내 아이가 학년이 올라갈수록 무너져 버리는 '가짜 우등생'이 되도록 둘 수는 없습니다. 아이가 진짜 우등생으로 끝까지 빌딩의 마지막 층에 오르고 마침내 자신의 꿈을 지키는 아이로 성장하도록 부모는 첫 공부의 시작을 자녀와 함께해야 합니다.

아이가 객관적인 자기 파악을 하고 잘못된 방향으로 가지 않도록 나침반이 되어 주세요. 중도에 포기하지 않도록 페이스메이커가 되어 함께 뛰어 주세요. 준비된 부모와 함께라면 아이가 가짜 우등생으로 끝나는 비극은 결코 일어나지 않을 것입니다.

입시 컨설턴트
정영은

○ 차례

6장　"아이의 역량을 키우는 부모 전략"
새 시대 우등생을 위한 조력

1장

"내 아이, 제대로 공부하고 있을까?"

역량 위주 성적 관리법

대회에서 상을 받았다고
우등생일까?

"선생님, 저희 아이가 왜 이런 등급을 받았는지 이해가 안 돼요! 저희 아이는 예전부터 수학 경시 대회를 나가면 매번 상을 받을 정도로 잘하는 아이예요. 1등급은 안 되더라도 2등급 정도는 충분히 받을 거라고 생각했어요. 도대체 고등학교 1등급은 얼마나 잘해야 받을 수 있어요?"

많은 부모들이 초등학교, 중학교 성적이 고등학교 성적으로 이어지지 않는다는 사실은 이미 여기저기서 들어서 압니다. 하지만 여전히 '대회'가 주는 권위와 무게를 의심하지 않지요.

특히 전국으로 치뤄지는 경시 대회에 응시하여 아이가 상을 받으면, 우리 아이의 객관적인 우수함을 증명받았다고 철석같이 믿는 부모가 많습니다. 초등 단원평가나 중학교 내신 성적이 그리 어렵지 않다는 사실을 깨달은 부모조차도 아이가 전국 경시 대회에 나가서 떡 하니 상을 받아오면, '아, 우리 아이는 다른 아이와는 뭔가 다르구나!'라고 생각해 버립니다.

과연 그럴까요? 다음 표는 전국에서 가장 많은 초등학생들이 치르는 어느 경시 대회의 2021년도 수상 결과입니다. 결과를 차근차근 살펴보면 일반적인 대회에 대한 인식과 현실은 괴리감이 있음을 보여줍니다.

[모 경시 대회 2021년 수상 결과]

	장려상 비율	우수상 비율	최우수상 비율
1학년	99퍼센트	91퍼센트	71퍼센트
2학년	96퍼센트	74퍼센트	33퍼센트
3학년	92퍼센트	57퍼센트	20퍼센트
4학년	91퍼센트	61퍼센트	27퍼센트
5학년	84퍼센트	54퍼센트	26퍼센트
6학년	94퍼센트	67퍼센트	22퍼센트

초등학교 6학년 아이가 이 경시 대회에 나갔다면 아이는 94퍼센트의 확률로 상을 받습니다. 장려상을 94퍼센트 준다는 말은 사실상 대회에 지원하고 응시를 한 대다수 아이가 상을 받는다는 뜻입니다.

그래도 경시 대회를 좀 아는 엄마들은 '장려상은 다 받는 거고, 진짜는 우수상부터야!'라고 생각하지만, 우수상 역시 10명 중 7명이 받았고, 최우수상도 참가자의 22퍼센트나 되는 아이들이 받았습니다. 학년이 제일 낮은 1학년은 우수상 비율이 매우 높아 무려 99퍼센트의 학생이 상을 받았고, 최우수상을 받은 아이들 역시 70퍼센트가 넘었습니다. 최우수상을 받은 아이들의 비율은 전체 1학년부터 6학년의 평균치가 무려 33퍼센트나 됩니다. 최우수상은 세 명 중 한 명이 받는 셈이지요.

이러한 결과를 토대로 경시 대회에 참가한 초등학생이라면 거의 상을 받는다고 이야기하면, 엄마들은 당혹스러움에 얼굴을 붉히기도 합니다. 하지만 앞에서 예시로 이야기한 경시 대회의 주최 측은 상을 주는 기준을 이미 홈페이지에 명시해 두었기에 그리 당혹스러운 일도 아닙니다. 60점 이상이면 장려, 72점 이상이면 우수, 80점 이상이면 최우수, 100점이면 대상을 수여하겠다고 기재합니다. 그리고 실제로 대상을 받는 기준인 100점은 놀랍게도 학년마다 전국에 몇 명 있을까, 말까 하는 비율이었습니다. 그러니 상을 많이 받는다고 해서 시험이 마냥 쉬웠다고 볼 수는 없습니다. 전국에 100점을 받은 아이가 고작 두세 명에 불과한 시험을 절대 쉽다고 말할 수는 없으니까요. 다만, 아이들에게 상을 주는 평가 기준이 상대평가가 아니라 절대평가이기 때문에 100점을 받기는 어렵지만, 대회 준비를 하며 열심히 공부했다면 상을 받는 특정 점수를 넘기기란 그리 어렵지 않았던 것뿐입니다.

정리하자면, 대회에서 기준으로 삼는 '우등생'의 기준과 부모들이 생각하는 '우수한 학생'의 기준이 달랐던 탓에 이러한 문제가 생긴 것입니다.

요즘 기준을
몰라서 생기는 분통

앞에서 분통을 터뜨렸던 엄마의 말을 다시 살펴보겠습니다.

"우리 아이는 경시 대회를 나가면 매번 상을 받을 정도로 수학을 잘했던 아이였어요. 1등급은 안 되더라도 2등급 정도는 충분히 받을 거라고 생각했는데…."

고등학교 1등급은 상위 4퍼센트의 아이들만이 받을 수 있는 등급입니다. 2등급 역시 상위 11퍼센트까지만 주어지는 등급이지요. 하지만 경시 대회 수상의 기준은 보통 생각하는 것보다 기준이 여유로운 경우도 있기 때문에, 대회 수상 경력이 있더라도 아이가 반드시 상급 학교에 진학해 상위 10퍼센트 안에 든다는 보장은 없다는 뜻입니다.

전국 경시 대회가 이러한데 초등학교, 중학교의 교내 대회는 더욱더 변별력을 담보하기가 어렵다는 사실, 충분히 이해했으리라 생각합니다.

대신, 아이가 교내 대회나 외부 대회에서 상을 받았다면 해당 과목에 대한 관심을 가지고 열심히 노력한다는 증거로 삼으면 됩니다. 실제로 대회 준비를 위해 아이들은 평소보다 더 열심히 공부하고, 상을 받음으로써 해 냈다는 성취감과 자신감을 얻습니다. 이런 결과는 아이들의 자기효능감에 긍정적 영향을 미치니 재능과 잠재력을 성장시키는 과정으로 삼기를 바랍니다. 아이들이 슬럼프에서 벗어나는데 도움을 주거나 더 높은 목표를 향한 동기를 부여한다는 점에서 매우 중요한 사건이기도 합니다.

다만, 부모는 상으로부터 받는 권위에서는 벗어날 필요가 있습니다. 열심히 공부하고 노력해서 상을 받은 아이에게는 충분히 박

수와 칭찬을 보내되 이성적인 시선을 잃지 말아야 합니다. 아이와 함께 부모도 마냥 즐거워하기만 하다가 아이의 상태를 파악하는 일에 실패할 수도 있기 때문입니다. 아이의 현 위치를 정확히 인지하지 못한다면 앞으로 공부 계획을 세울 때 실수하기 쉬워지고, 계획을 잘못 세우면 오랜 기간에 걸쳐 아이에게 좋지 않은 영향을 끼칠 수 있습니다.

아이가 받은 상에 지나친 의미를 부여하기보다 객관적인 시선을 유지하는 것이야말로 아이의 진짜 역량을 보는 첫 단추가 된다는 사실을 기억하세요.

진짜 성적은
숫자로는 모른다

●

"선생님, 저희 애가 국영수는 점수가 잘 나오잖아요. 그런데 만날 암기 과목에서 몇 문제씩 틀리는 바람에 평균이 떨어지지 뭐예요. 아무래도 시험 기간에는 암기 과목 공부를 시켜야겠어요."

중학생 자녀를 둔 꽤 많은 부모들이 하는 고민입니다. 아이가 주요 과목은 잘하는데 암기 과목인 〈기술가정〉, 〈도덕〉처럼 주요 과목이 아닌 과목 때문에 평균을 깎아 먹는다고 속상해 하지요. 그때마다 저는 "괜찮아요. 이런 아이는 오히려 고등학교 진학 후에 빛을 볼 겁니다"라고 조언합니다. 하지만 당장 눈앞의 전교 등수가 떨어지면 부모들은 쉽게 불안해집니다. 어쩔 수 없는 일이지요. 애타는 마음을 이해하지 못하는 바는 아니지만 그럼에도 '전 과목 평균 점수' 때문에 국영수 개별 과목의 심화 학습을 멈추거나 줄여서는 안 됩니다.

시험이 끝나면 많은 부모는 아이에게 이렇게 질문하지요.

"아들(딸), 그래서 너 이번 시험 평균이 몇 점이라고?"

중학교부터는 본격적으로 정기 시험인 중간고사와 기말고사가 등장합니다. 정기 시험의 등장과 함께 초등학교에 비해서 공부해야 할 과목이 크게 늘기 때문에 일일이 한 과목, 한 과목의 점수를 묻기도 힘드니, 부모는 '전 과목의 평균 점수'를 물어봅니다. 평균 점수로 아이의 현재 학습 수준을 점검하려는 시도는 안타깝게도 위험 요소가 너무 많습니다.

전 과목 평균의
3가지 함정

첫째, 전 과목 평균 점수로 실수와 실력을 구분할 수 없습니다.

둘째, 전 과목 평균 점수로 시험 난이도를 파악할 수 없습니다.

셋째, 전 과목 평균 점수로 주요 과목의 학습 상황을 유추할 수 없습니다.

저는 이 세 가지를 '전 과목 평균의 함정'이라고 말합니다. 자녀의 현재 학습 수준을 평균으로 확인했던 부모는 평균 90점대의 점수를 유지할 경우, '우리 아이는 꽤 우등생'이라는 착각에 빠지기 쉽습니다. 실제 아이에게는 무언가 문제가 생겼을 가능성이 높음에도, 객관적으로 '보이는'(하지만 실제로는 그렇지 않은) 평균 점수에 가려 문제를 교정할 '골든 타임'을 놓치고 말지요.

지금 당장은 별 문제가 없어 보이지만 고등학생이 되고 본격적인 입시를 마주하게 되었을 때 문제가 됩니다. 중학교 때 반드시 교정해야 하는 몇 가지 습관을 고치지 못한 아이들은 끝내 어려움에 처하고 맙니다. 더 큰 문제는 어디서부터 잘못되었는지를 시간이 흐른 뒤에는 파악하기가 더욱 어려워진다는 사실입니다. 그렇기에 우리 아이의 학습 수준에 문제가 있다면 하루라도 빨리 인지하고 교정이 필요하지요. 그러기 위해서 평균의 함정은 반드시 피해야만 합니다.

똑같이 90점이어도
실력 차이가 나는 이유

●

　같은 반 친구 슬기와 민아는 시험 점수가 늘 비슷합니다. 중간고
사를 보았는데 둘 다 수학이 90점으로 똑같이 두 문제를 틀렸습니
다. 학원에서도 같은 등급의 반으로 편성되었기 때문에 두 친구의
수학 실력은 비슷하게 보입니다. 그런데 정말로 두 아이의 실력은
비슷할까요?

　이에 대한 답을 얻기 위해서 시험이 끝난 뒤, 슬기와 민아가 하
는 말에 집중해 보았습니다.

　민아 : 뒤에 두 문제는 진짜 어려웠지? 내가 애들한테 물어봤는

　　　　　　　　　　　　　　　　　　초등 국영수 공부법

데 우리 반에서 저 두 문제 다 맞은 애는 거의 없는 것 같더라.

슬기 : 아, 또 계산 틀렸네. 뭐야, 이건 답지에 번호를 잘못 적었잖아? 난 왜 이렇게 만날 덤벙대지? 고쳐야 되는데 잘 안 되네.

많은 부모들이 민아보다 슬기의 문제를 더 심각하게 받아들입니다. 민아처럼 다른 아이들도 다 틀린 문제를 틀린 것은 그리 뼈아프게 생각하지 않으나, 덤벙대는 탓에 실수를 한 슬기의 습관은 당장 고쳐서 해결해야 하는 중차대한 문제로 여기는 것입니다. 물론 슬기의 덤벙거리는 습관은 분명 고쳐야 함이 분명합니다. 문제를 대충 읽거나 시험에 집중하지 못하거나 진지하지 못한 자세로 시험에 임했다는 뜻이기에 주의를 주고 반복되지 않도록 미리 연습해야 합니다.

하지만 슬기의 문제는 어디까지나 학습적 능력과는 별개인 태도와 관련된 것이고, 아이나 부모 모두 슬기가 앞으로 어떻게 해야 하는지 그 방향성에 관해서 인지했기 때문에 겁먹을 필요까지는 없습니다. 문제가 무엇인지 정확하게 안다면 이미 절반 정도는 해결되었다는 뜻이니까요.

평균의 함정이
허점을 가리운다

진짜 문제는 민아입니다. '내가 틀린 두 문제는 진짜로 어려워서 맞은 아이들이 거의 없다'라는 민아의 말에서 어떤 뉘앙스가 느껴지나요? 남들도 다 틀린 문제라면 문제가 어려운 탓이지 못 푼 자신의 잘못은 아니라는 뉘앙스가 느껴지나요?

일견 '그런 문제는 맞으면 좋겠지만 틀리라고 낸 문제니까 별 수 없지'라는 생각을 가진 부모도 있겠지요. 글쎄요, 정말 '별 수 없는 일'이라고 치부하고 넘어가도 될까요? 중학교 시험이 쉬워졌다지만 여전히 100점은 어렵습니다. '킬러 문제', 즉 '틀리라고 낸 문제'가 보통 한두 문제씩 꼭 등장하기 때문입니다.

요즘 중학교 시험에서 과목별 A등급(90점 이상) 비율은 평균적으로 30~40퍼센트 정도입니다. 그러니 변별력을 주는 킬러 문제 2문제를 놓쳐 90점을 받은 민아의 객관적인 위치는 상위 30퍼센트라는 뜻이겠지요. 고등학교 식으로 바꿔 보면 4등급에 불과합니다. 고등학교에서 4등급이라는 성적표를 받으면 아이들은 3등급, 2등급을 위해 치열하게 공부하고, 어려운 문제를 한 문제라도 더 맞추려고 심화 문제에 도전할 것입니다.

하지만 절대평가 방식의 초등학교 단원평가나 중학교 정기 고사로 당장 눈앞에 보이는 90점 이상이라는 시험 점수를 받았다면 만족스런 현실에 진짜 허점을 파악하기가 어렵습니다. 킬러 문제를 모두 틀렸지만 A등급을 받은 민아는 앞으로도 킬러 문제를 해결하려고 노력하지 않을 가능성이 높습니다. 적당히 공부해서 적당히 A등급을 받는 목표를 삼겠지요. 그렇게 4등급을 목표로 공부하는 습관이 들지도 모릅니다.

킬러 문제는 다 틀리고 남들도 다 맞는 문제만 해결할 정도로 적당히 공부한 아이들은 고등학교 진학 후 와르르 무너질 수밖에 없습니다. 아이가 중학교 때 90점을 받았으니 고등학교에서도 1~2등급을 받을 수 있다고 안일하게 생각하다가 실제로 4~5등급을 받으면 어떻게 될까요?

'내가 잘못 생각했구나. 이제라도 심화 공부를 열심히 해야겠다!'라고 생각할까요? 경험에 따르면 그렇지 않은 아이들이 훨씬 더 많습니다. 높은 비율로 아이들은 초중학교 때부터 자신이 공부하는 방식이 틀렸다고 인정하지 않습니다. 진짜 자신의 실력을 믿고 싶어 하지 않지요.

일종의 방어기제가 작동합니다. '나는 사실 원래부터 공부를 잘하지 않았구나'라며 받아들이는 순간 지금껏 '중학교 상위권'이라고 믿던 아이는 자존심이 무너집니다. 아직 어린 사춘기 아이들은 더 쉬운 방법을 택하겠지요. 자존심을 포기하기보다는 문제 해결이 어렵더라도 '학교 탓', '선생님 탓'을 하는 편이 더 간단하니까요.

다만 이렇게 자존심을 지키기로 선택한 아이는 어려움에 처한 현실을 극복할 수가 없습니다. 상황을 바꾸려면 현실을 정확하게 인식해야 하는데 현실은 계속 모르는 척하고, '선행을 덜 해서 성적이 안 나오는 거야', '선생님이 시험 문제를 이상하게 냈어', '이런 식으로 내면 문제를 어떻게 풀라는 거야?'라는 식으로만 생각하지요. 이렇게 해서는 진짜 문제의 원인인 '심화 학습의 부재'를 해결할 수가 없습니다.

초등학교, 중학교 때는 아이의 점수보다는 킬러 문제를 해결하는지 아닌지 더 잘 보고 아이의 수준을 정확히 확인하는 것이 우선입니다.

더 알아보기

#아이와 시험을 복기하는 법

(1) 아이가 시험을 본 뒤 점수를 확인하지 말고, 틀린 문제가 몇 문제인지 확인해 보세요.

(2) 왜 그 문제를 틀렸는지 이유를 나눠서 적으세요.

단순 실수	중도 포기	모르는 문제

* 단순 실수 : 계산 실수, 부등호 방향 착각, 숫자 잘못 인지, 답안지에 잘못 기재 등으로 실수한 문제.
* 중도 포기 : 문제가 의도하는 바를 알고 풀어 나갔으나 중도에 어휘 부족, 풀이 막힘, 암기 미진 등으로 포기한 문제.
* 모르는 문제 : 문제가 의도하는 바를 이해하지 못해서 손을 아예 못 대거나 처음부터 풀이 방향을 잘못 인지, 손을 대기는 했으나 풀이 방향에 확신이 없는 등으로 틀린 문제.

(3) 세 가지 이유 중, '단순 실수'는 태도와 관련된 것으로 덤벙거리는 습관을 교정하거나 시험 스트레스를 줄이면 나아집니다. '중도 포기'는 아직 학습 중인 단계에 해당하므로 시간이 해결해 줄 수 있습니다. 다만, 문제 의도를 파악하지 못한 '모르는 문제'는 학습 부족에 해당하므로 문제 난이도를 살펴 학습 계획을 다시 세우는 것이 좋습니다.

초등 국영수 공부법

학교마다 다른
시험 난이도를 고려하라

●

　학교마다, 과목마다 시험의 난이도는 모두 다릅니다. 모두가 아는 사실이지만, 전 과목 평균 점수를 시험 결과의 지표로 삼을 때는 당연한 이야기도 무시당할 수밖에 없습니다. 모든 아이들에게 똑같은 점수로 성적 수준을 파악한다면 아이들의 반발만 불러일으킬 뿐입니다.

　학교와 지역에 따라 시험의 객관적인 난이도가 쉬운 곳도 있고, 다른 지역보다 유독 어렵게 출제되는 학교도 있습니다. 아이가 똑같이 80점을 받았더라도 어떤 학교에서는 내신 4등급인데, 어떤 학교에서는 1등급도 됩니다. 이러한 시험 난이도 차

[내신 등급과 모의고사 등급 비교표]

	내신 등급(학교 내 경쟁)	모의고사 등급(전국 경쟁)
수호	3	1
지민	1	3

이와 경쟁의 치열함 차이를 고려하지 않고 단순하게 "평균 90점은 받아야지" 또는 "평균이 이만하면 괜찮네"라고 얘기한다면 실제로 아이들이 처한 상황을 제대로 모르는 것입니다.

　수호와 지민이라는 아이의 고등학교 성적을 비교해 보겠습니다. 학교 내 경쟁을 하는 내신 등급과 전국으로 경쟁하는 모의고사 등급에서 차이가 보이나요? 어떤 아이의 학교가 시험 난이도 또는 내신 경쟁이 치열한가요?

　수호는 내신 등급은 3등급이라는 결과를 받았지만 모의고사 등급은 1등급을 받았습니다. 그러니까 수호가 다니는 학교는 매우 우수한 아이들이 많아서 옆자리 친구와 경쟁이 오히려 전국 경쟁보다 더 힘든 싸움이라는 뜻이지요.

　반대로 지민이는 내신 등급은 1등급이지만 모의고사 등급은 3등급으로 전국으로 경쟁하는 수능에 중점을 두기보다는 내신을 위해서 공부하는 편이 훨씬 유리한 상황이지요. 이러한 차이를 알지 못하고 단순히 1등급과 3등급이라는 등급만을 본다면, 수호의 부모는 "수호야! 넌 중학교 때까지는 지민이보다 잘하더니 어쩜 갈수록 공부를 안 하니?"라고 타박할지도 모릅니다.

지민이의 부모는 "우리 애가 내신 1등급인데 수능 최저 등급을 못 맞춰서 명문대 입학원서를 못 쓴다는 게 도대체 무슨 말이에요? 옆집 수호는 내신 3등급인데도 명문대를 목표로 한다던데요"라는 불만을 가질 테고요.

학교 수준은 어떻게 파악할까?

아이의 객관적이고 현실적인 위치를 파악하고자 하는 부모라면 아이가 어렸을 때부터 학교 시험 난이도와 학교의 평균적인 수준을 파악하는 연습이 필요합니다.

아이의 학교 수준은 어떻게 파악해야 할까요?

1. 내 아이가 초등학생이라면?

초등학교는 군이 공부를 잘하느냐, 그렇지 않느냐를 구분할 필요가 없습니다. 초등학교의 학업 수준은 유의미한 차이가 나지 않기 때문에 아이가 기본적인 역량만 강화할 수 있도록 초점을 맞추면 됩니다.

2. 내 아이가 중학생이라면?

교육부에서 운영하는 '학교알리미' 홈페이지(www.schoolinfo.go.kr)와 친해지세요. '학교알리미' 홈페이지는 2008년부터 교육부에서 정한 공시 기준에 따라 매년 1회 이상 초·중등학교에서 정보를 올리는데, 학생·교원현황·시설·학교폭력 발생현황·위생·교육 여건·학업 성취 등과 같은 정보를 확인할 수 있습니다.

'학교알리미'에서 확인하고 싶은 학교 이름을 검색한 후, [학생현황] → [졸업생의 진로 현황]을 클릭하면 졸업생들 중 과학고 등 특목고와 자립형 사립 고등학교(자사고)에 진학한 비율을 알 수 있습니다. 다만, 비평준화 지역의 경우 특목고나 자사고는 아니지만 각 지역의 우수한 기숙형 고등학교 등으로 진학하는 경우가 많으니 이 점도 꼭 기억해야 합니다.

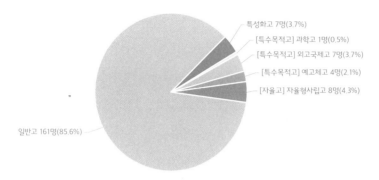

[경기도 평준화 지역 Y시의 D중학교 졸업생 진로 현황]

특성화고 7명(3.7%)
[특수목적고] 과학고 1명(0.5%)
[특수목적고] 외고국제고 7명(3.7%)
[특수목적고] 예고체고 4명(2.1%)
[자율고] 자율형사립고 8명(4.3%)
일반고 161명(85.6%)

3. 내 아이가 고등학생이라면?

사립 고등학교들은 홈페이지에 대입 합격자 명단을 게시하거나 대입이 마무리된 2~3월에 합격자 명단이 적힌 현수막을 교문 앞에 붙이기도 합니다. 하지만 이 경우 재수생을 포함하고 중복 합격자를 모두 포함하기 때문에 정확한 비율을 알기 어렵습니다. 정확한 분석은 역시 '학교알리미'의 고등학교 졸업생 진로 현황을 확인해 주세요.

졸업생들이 합격하고 등록한 대학교의 이름이 올라와 있지는 않지만 오히려 합격자 현수막보다 더 많은 정보를 확인할 수 있습니다. 여기에는 4년제 대학 진학률도 나오지만 그리 중요한 지표는 아닙니다. 수험생보다 대학 신입생 선발 인원이 더 많아진 세상에서 단순히 '4년제에 진학한 아이들이 몇 퍼센트나 되는지'를 보고 해당 학교의 평균적인 학습 분위기가 어떠한지는 알 수 없습니다. 중요한 수치는 '기타'를 선택한 아이들의 숫자와 전문대 진학을 결정한 아이들의 숫자입니다. '기타'는 대학에 진학하지 않고 취업 통계에도 포함되지 않는 졸업생들의 숫자를 나타냅니다. 군대에 입대하는 등 여러 이유가 있을 수 있습니다. 하지만 '재수'에 도전하는 아이들이 가장 큰 비율을 차지하지요.

재수생이 많다는 뜻은 어떤 의미일까요? 일반적으로 공부를 잘하는 학교일수록 재수생의 비율은 늘어날까요, 줄어들까요? 보통 부모들은 "당연히 공부를 잘하면 재수할 필요가 없지 않아요?"라고 이야기하지만 현실은 그렇지 않습니다.

재수를 하는 아이들은 사실 성적이 어느 정도 나옵니다. 재수를 해도 별다르지 않거나 애초에 목표를 높게 잡지 않은 아이는 1년 더 수험생활을 하겠다는 결심도 하지 않지요. 재수를 선택한 아이는 수능, 그러니까 전국 경쟁에 자신감이 있는 아이입니다. 상대적으로 모의고사 등급보다 내신 등급이 더 잘 나왔던 아이는 '나는 내신으로 대학을 가는 편이 더 유리한데 재수한다고 내신이 변하지는 않잖아?'라는 생각으로 덜 만족스럽더라도 고등학교 3학년 때 대학 입학을 결정짓는 경향이 강합니다.

그렇기 때문에 '기타' 비율이 높은 학교이면서 동시에 전문대학 진학 비율이 낮은 학교라면 평균적인 학생들의 목표가 높고, 수능에 대한 자신 있는 아이가 많으므로 평균적인 학습 분위기도 좋다고 판단해도 좋습니다.

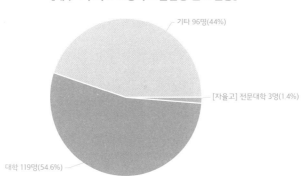

[대구 S구의 K 고등학교 졸업생 진로 현황]

기타 96명(44%)

[자율고] 전문대학 3명(1.4%)

대학 119명(54.6%)

위의 그래프는 대치동에 견줄 만큼 학습 수준이 높은 아이들이 몰리는 대구의 K 고등학교의 실제 졸업생 진로 현황입니다. 졸업생 약 220명 중 절반에 가까운 96명의 아이들이 재수를 선택했고, 전문대로 진학을 결정한 아이는 3명에 불과합니다.

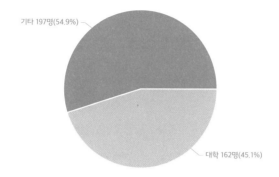

[자립형 사립 S 고등학교 졸업생 진로 현황]

기타 197명(54.9%)

대학 162명(45.1%)

우리나라에서 의대 합격자를 가장 많이 배출한다는 S 고등학교의 진로 현황을 보면, 기타 비율이 더욱 높습니다. 무려 전체의 약 55퍼센트의 아이들이 당해 대학 진학을 포기했습니다. 전문대를 쓴 학생은 한 명도 존재하지 않았고요. 일반적인 고등학교의 전문대 진학률이 평균 20~30퍼센트, 기타 비율이 10퍼센트 대라는 점을 감안하면 매우 높은 수치임을 알 수 있습니다.

더 알아보기

관심 있는 고등학교 알아보는 법

1. 고등학교를 선택할 때 아이와 부모가 중요하게 여기는 가치
   의 우선순위를 생각해 보세요.

> 대학진학률 / 입시 실적 / 집에서의 거리 / 사립-공립 / 기숙사 여부 / 학습 분위기 /
> 생활 분위기 / 주위 평판 / 공학-남고-여고 / 학교 커리큘럼 / 기타

2. 지역의 학교를 둘러보며 아이가 원하는 학교와 부모가 원하
   는 학교를 나란히 적어 보세요.

아이가 원하는 고등학교	부모가 원하는 고등학교
1순위	1순위
2순위	2순위
3순위	3순위

3. 희망 학교의 졸업생 진학 결과를 살펴보세요. 차이가 있다면
함께 이야기를 나눠 봅시다.

고등학교	대학 진학 비율	전문대 진학 비율	기타 비율	취업자 비율	국외 진학 비율
1.					
2.					
3.					

4. 동아리 활동과 방과 후 수업 등을 살펴보고, 흥미가 동하는 동
아리를 찾아본 뒤 이야기를 나눠 봅시다. 동아리는 '학교알리
미' 사이트에서 해당 학교를 검색한 뒤, 교육활동 탭에서 확인
할 수 있습니다.

고등학교	흥미가 있는 동아리	분야	이유
1.			
2.			
3.			

전 과목 평균 점수 속에
숨은 뜻

●

"선생님, 저희 아이는 전 과목 평균이 90점이 넘는데 그러면 모든 과목이 대부분 우수하다는 뜻 아닌가요?"

초등학교, 중학교 자녀를 둔 부모들이 가장 많이 하는 이야기입니다. 도대체 '전 과목 평균 점수'라는 기준은 어디에서 나왔을까요?

학교에서는 그 어디에서도 초등학교, 중학교 부모들이 말하는 '평균 점수'(과목의 점수를 모두 더한 뒤 과목 수로 나누는 식)라는 기준을 사용하지 않습니다. 공식 성적표에 등장하지도 않고 대입에서도 역시 이러한 형태의 평균 점수는 사용하지 않습니다.

전 과목 평균 점수가 사용되는 곳은 바로, 학원입니다. 특히 전 과목을 가르치는 종합 학원들은 수강생들의 우수한 시험 결과를 보여 주기 위해 전 과목 평균 점수를 사용합니다. 학원을 홍보할 수 있는 지면의 공간이 한정적이기도 하고, 모든 과목을 따로 쓰기에는 글씨 크기가 작고 효과가 떨어진다는 문제를 해결하려는 일종의 고육지책이었지요.

문제는 학교 성적표보다는 학원의 홍보 현수막을 생활 속에서 더 자주 접한 부모들이 자신도 모르게 평균 점수가 공식적인 기준 성적이라고 착각했다는 것입니다. 속인 사람은 없지만 속은 사람은 있는 아이러니한 상황이 벌어졌지요.

[평균의 함정 예시 1_ 중학교 성적 비교]

주아	6과목 평균 **93.8점**
민정	6과목 평균 **89.3점**

주아와 민정이의 중학교 성적을 함께 보겠습니다. 둘 다 6과목의 시험을 치루어 평균을 냈습니다. 주아의 평균 점수는 93.8점으로 민정이보다 4.5점이나 높습니다. 평소 〈수학〉을 조금 어려워하

지만 평균이 거의 94점에 육박하니 부모도 "다음에 수학만 좀 더 신경 쓰자"라고 말할 뿐, 심각성을 느끼지 못합니다. 주아도 친구인 민정이가 평균 90점이 채 안 된다는 이야기에 막연하게 '민정이보다 내가 공부를 더 잘하는구나'라고 생각했지요.

꼭 확인해야 할
과목별 점수

대부분 가정에서는 주아 네처럼 각 과목별 점수를 세세하게 확인하기보다는 평균 점수만 확인하고 넘어가는 집이 많을 것입니다. 각각의 과목 점수를 확인한다고 하더라도 94점이라는 높은 평균 점수에 만족해서 한두 과목의 점수가 낮아도 별로 심각하지 않을 테고요.

[평균의 함정 예시 2_ 고등학교 성적 비교]

	국어	영어	수학	도덕	기술가정	미술	평균
	4단위	4단위	4단위	2단위	1단위	1단위	
주아	90	92	84	97	100	100	93.8
민정	95	91	100	85	82	83	89.3

하지만 고등학생이 되면 상황은 달라집니다. 다시 주아와 민정이의 성적을 비교해 볼까요?

고등학교에서는 '중학교식 평균'은 더 이상 사용하지 않습니다. 대입에서도 '평균'이라는 기준을 사용하지만 이때 사용하는 평균은 '단위 수'라는 개념을 고려한 것입니다. 쉽게 말하면 '중요한 과목에 가중치'를 준다는 말이지요.

'중요한 과목이냐, 아니냐'를 판단하는 기준이 바로 '단위 수'라는 개념으로, 일주일에 해당 수업을 몇 번 들었는지 나타냅니다. 즉, 일주일에 네 번 수업을 들어야 하는 〈국어〉, 〈영어〉, 〈수학〉은 일주일에 한 번 수업을 듣는 〈기술가정〉보다 네 배 더 중요해지지요. 이렇듯 고등학교에서 사용하는 '주요 과목을 고려한' 평균 점수를 계산하면 주아와 민정이의 처지가 갑자기 역전되고 맙니다.

[평균의 함정 예시 3_ 고등학교 식 평균 점수 비교]

주아	VS	민정
91.1점		92.4점

여기서 끝이 아닙니다. 대부분의 대학들은 '전 과목 점수'를 반영하지 않습니다. 〈국어〉, 〈영어〉, 〈수학〉, 〈사회〉, 〈과학〉까지 수시

교과 전형인 주요 과목만을 입시에 반영하지요. 즉, 〈기술가정〉이나 〈미술〉 등의 과목 점수는 다 빼고 계산해야 합니다.

[평균의 함정 예시 4_ 대입 교과전형 식 주요 과목 평균 점수 비교]

주아	VS	민정
89.9점		93.9점

차이가 더욱 벌어졌지요? 주아는 사실 93.8점이 아닌 89.9점이었고, 민정이는 89.3점이 아니라 93.9점이었던 것입니다. 둘 중 어떤 아이가 실제 고등학교 진학 후 더 우수한 성적을 받을지 이제 감이 올 것입니다.

다시 주아의 중학교 성적을 보니, 마치 구조 신호를 보내는 것 같네요. 여전히 성적표 속 진짜 학습 수준을 보지 못하고 그 누구도 공식적인 점수라고 말하지 않는 평균 점수의 함정에 빠진다면 이유도 모른 채, 점점 성적이 떨어지기만 하는 상황에 당황할 수밖에 없습니다.

더 알아보기

단위 수를 고려한 성적 계산법

'단위 수를 고려한 평균 확인법'은 평균 점수의 함정에서 빠져 나올 수 있는 계산법입니다. 대입 수시 교과 전형에서 사용하는 방법이지만 중학교 때부터도 적용할 수 있습니다. 주요 과목에 따른 일종의 가산, 감산점이 적용되기 때문에 단순 평균 점수에 비해 우리 아이가 제대로 공부를 하고 있는지 명확하게 알 수 있습니다.

만약 아래 방식으로 계산을 했을 시, 단순 평균 점수보다 더 높은 점수가 나왔다면 주요 과목에 강점이 있는 아이로, 진짜 우등생일 확률이 매우 높습니다. 반대로 단순 평균 점수보다 점수가 낮다면 반드시 주의해야 합니다. 단위 수가 높은 주요 과목인 국어, 영어, 수학은 단기간에 점수를 올리기가 어려운 과목으로 문제점을 빠르게 알수록 아이의 잘못된 공부 교정이 쉬워집니다.

$$\frac{(A과목\ 점수 \times 단위\ 수) + (B과목\ 점수 \times 단위\ 수) + (C과목\ 점수 \times 단위\ 수)}{A과목\ 단위\ 수 + B과목\ 단위\ 수 + C과목\ 단위\ 수}$$

예시로, 국어(3단위) 100점, 수학(5단위) 80점, 미술(1단위) 100점을 넣어 단위 수 고려 평균 점수를 알아 봅시다.

$$\frac{(100점 \times 3단위) + (80점 \times 5단위) + (100점 \times 1단위)}{3단위 + 5단위 + 1단위}$$

$$= \frac{300 + 400 + 100}{9}$$

$$= \frac{800}{9} = 약 88.9점$$

흔히 사용하는 단순 평균 점수는 다음과 같습니다.

$$\frac{100점 + 80점 + 100점}{3과목} = \frac{280}{3} = 약 93.3점$$

두 평균 점수를 비교하면 다음과 같습니다.

단위 수 고려 평균 점수	VS	단순 평균 점수
88.9		93.3

만약 아이에게 "이번 시험 평균 몇 점이니?"라고만 물었다면 아이의 수학 실력에 문제가 생겼음을 눈치채기 어려웠겠지요.

이제 아래 표를 채우고 실제 입시에서 사용되는 '공식' 평균 계산법과 '비공식' 계산법의 차이를 알아 봅시다.

과목	단위 수	원 점수
(예시) 국어	4단위	85점
① 비공식 전 과목 평균 점수		
② 단위 수를 적용한 고등학교식 평균 점수		
③ 입시에서 사용되는 주요 과목만 적용한 평균 점수		

만약 ①번의 점수보다 ②, ③번의 점수가 낮다면 주의가 필요합니다.

목표 제시가
통하지 않는 아이도 있다

●

민희 씨는 이제 초등학교 5학년, 중학교 3학년이 된 남매를 둔 엄마입니다. 중학교 3학년이 된 큰 딸은 자존심이 세고 경쟁도 두려워하지 않는 성향 덕분인지 적어도 시험 기간이 되면 공부를 열심히 하는 편입니다. 나름대로 목표도 있어서 사춘기가 절정에 달했던 중학교 2학년 때도 일정 점수 이상 성적이 떨어지지 않았습니다. 민희 씨가 크게 걱정할 일이 없었지요. 그런데 초등학교 5학년 아들은 좀 다릅니다.

"엄마, 난 70점도 괜찮은 것 같아."

"미리 점수를 정해 놓지 말고, 이번 단원평가는 100점도 한 번 받아 보게 공부 좀 해 볼까?"

"꼭 100점을 받아야 돼? 난 잘 모르겠어."

왜 꼭 공부를 열심히 해야 하는지, 점수를 왜 높여야 하는지 실랑이를 벌이는 일도 한두 번이지, 아들의 말대답이 나오면 민희 씨는 참았던 화가 터진다고 합니다. 구체적인 목표를 제시하면 좀 나을까, 칭찬하면 괜찮을까 나름대로 고민해 보지만 딸과는 달리 아들은 도대체가 잔소리도, 칭찬도 모두 통하질 않습니다.

경쟁심이 강한 부모라면 이런 아이를 더욱 이해하지 못합니다. 부모는 "목표가 생기면 당연히 열심히 하는 거 아니에요? 제가 학생일 땐 목표를 정하면 남들한테 해 놓은 말도 있으니 부끄러워서라도 공부했었거든요"라고 말합니다. 이러한 성향의 부모에게는 "엄마, 나는 100점을 맞지 못해도 정말로 부끄럽지도 않고 불편하지도 않아요"라고 이야기하는 아이의 말은 진심으로 들리지 않습니다. 그저 공부하기 싫어서 핑계 대는 말에 불과하다고 믿지요. 그런데 이러한 성향의 아이들이 꽤 많다는 사실, 알고 계신가요?

아이의 기질에 따라
공부 지도가 다르다

아이들은 저마다 타고난 기질과 성격이 다릅니다. 어떤 아이는 구체적인 목표가 필요하지만 어떤 아이는 목표에 기가 질려 학습을 포기하기도 합니다. 어떤 아이는 믿음직한 단호하고 힘 있게 목표를 제시하는 선생님을 믿고 따라가지만, 또 어떤 아이는 강압적이고 불친절한 선생님이라 여기며 반발하기도 하지요.

부모가 동일한 교육 철학을 가지고 양육한 형제자매라고 하더라도 하늘 아래 같은 아이는 없습니다. 중요한 것은 아이들의 기질은 밖으로 표출되는 것과 때로는 같지 않을 때도 있다는 점을 기억해야 합니다. 특히 청소년기에 접어든 중학생, 고등학생들은 사회적인 자아를 개발하는 중이기 때문에 진짜 자신의 모습은 숨기고 가면 뒤에 숨어 버리는 경우도 많기 때문입니다.

지희 씨는 고등학교 1학년 아들을 둔 엄마입니다. 지희 씨는 아들의 달라진 성적에 매우 난감해하며 상담을 요청했습니다.

"선생님, 우리 애는 분위기에 크게 휩쓸리는 스타일은 아니었거든요. 그래서 괜히 경쟁이 너무 심한 고등학교를 가서 힘들게 공부하기보다는 집 근처 학교에서 1등급 받으며 지내면 좋지 않을까 했었는데… 막상 보내 보니까 아이가 공부를 너무 안 하네요. 어떡하면 좋을까요?"

지희 씨의 아들은 중학교 때는 전교에서 다섯 손가락 안에 들 만큼 우수한 학생이었습니다. 학급 회장을 도맡아 했을 정도로 친구들 사이에서 평판도 좋았고 리더십도 뛰어났지요. 늘 친구들에게 둘러싸여 학교생활을 했던 아이지만, 자기중심을 지키며 공부도 열심히 했기 때문에 지희 씨는 아들이 학교 분위기와는 관계없이 어디를 가도 자기 공부는 하겠거니 여겼다고 합니다.

하지만 막상 고등학교에 진학을 한 뒤 아이는 점점 공부에 흥미를 잃어갔습니다. 친구들과 몰려다니며 늦게까지 PC방에서 게임하고 학원도 빠지는 날이 많아졌죠. 여자 친구가 생기더니 온갖 기념일을 챙기느라 시험도 뒷전으로 두기 일쑤였습니다.

사실 지희 씨의 아이는 타고난 '사교형' 성향으로 주위 친구들 무리의 성향에 따라 목표도 바뀔 가능성이 높았던 아이였습니다.

중학교 때는 상위권 고등학교 진학을 목표로 하는 학생들이 많은 학교에 다녔고, 학원에서도 최상위 레벨에 속하여, 선행이며 심화며 무엇 하나 부족하지 않은 친구들 사이에서 생활했었기 때문에 '분위기를 타는' 본래의 성향이 두드러지지 않았던 것뿐이지요.

지희 씨에게 웬만하면 아이를 학교 기숙사에서 나오고, 레벨별로 아이들을 공부시키는 학원으로 이동해 보는 것이 어떻겠느냐 조언을 해 드렸습니다. 아이가 속한 환경을 바꿀 필요가 있었으니까요. 환경을 바꾸자 아이는 다시 마음을 잡고 공부했다고 합니다.

사람들은 저마다 타고난 마음 지문이 모두 다릅니다. 그렇기 때문에 아이를 위해 조언을 하고 코칭하기 전에, 우리 아이는 과연 어떤 기질을 가졌는지 우선적으로 파악하는 것이 중요하지요. 이 책에 아이와 함께 기질 유형을 알아볼 수 있도록 DISC 간이 검사지를 넣었습니다. 아이의 기질을 파악하고 더 나은 학업 계획을 짜는 데 도움을 얻어 보세요.

더 알아보기

DISC 간이 검사

DISC 검사는 미국 심리학자 윌리엄 마스톤의 이론에 기반해 사람의 성격 및 행동 유형에 따른 4가지 분류를 말합니다. 만약 더 정확한 아이의 기질을 알고 싶으시다면 DISC 검사 사이트(http://disc.aiselftest.com)를 참고하세요.

1번	A. 직선적이다.		2번	A. 고집이 세다.	
	B. 열정이 넘친다.			B. 사교적이다.	
	C. 수동적이다.			C. 친절하다.	
	D. 사려가 깊다.			D. 예의 바르다.	

3번	A. 나서기 좋아한다.		4번	A. 대담하다.	
	B. 설득력 있다.			B. 충동적이다.	
	C. 협조적이다.			C. 충실하다.	
	D. 분석력이 있다.			D. 빈틈없다.	

5번	A. 요구사항이 많다.		6번	A. 경쟁심이 강하다.	
	B. 감정적이다.			B. 허세가 있다.	
	C. 차분하다			C. 지지를 잘한다.	
	D. 자제력 있다.			D. 완벽주의적이다.	

초등 국영수 공부법

7번	A. 독립성이 강하다.		8번	A. 모험을 피하지 않는다.	
	B. 남을 신뢰한다.			B. 상냥하다.	
	C. 나를 사랑한다.			C. 매사 여유롭다.	
	D. 정확한 편이다.			D. 원칙이 중요하다.	

9번	A. 결정이 빠르다.		10번	A. 자신감이 있다.	
	B. 영향력이 있다.			B. 관대하다.	
	C. 신중하다.			C. 나서기 싫어한다.	
	D. 체계적이다.			D. 사실이 중요하다.	

1. 1번부터 10번까지 각 항목 당 4개의 문장이 제시되었습니다.
   4가지 문장 중에 나를 가장 잘 표현하는 문장에 5점, 그 다음
   이 4점, 그 다음이 2점, 가장 어울리지 않는 문장에 1점을 표시
   합니다. (3점은 없습니다.)

2. 1번부터 10번까지 각 점수를 모두 더해 주세요.

	A 문항 점수 합	B 문항 점수 합	C 문항 점수 합	D 문항 점수 합
성격 유형	주도형	사교형	안정형	신중형
점수				

3. 점수의 합이 가장 큰 유형이 나를 대표하는 설명입니다. 단,

사람은 하나의 면만 가지지 않기 때문에 1순위 유형과 2순위 유형을 모두 고려하는 것이 좋습니다.

	성격 키워드	학습을 방해하는 것	학습을 도와주는 것
주도형	독립적 목표지향	강압적 지시 통제적인 교사	확실한 목표 제시 선택권이 있는 상황
사교형	친화적 낙관적	개인플레이 과거의 실패 경험 상기	공부 잘하는 친구 속한 그룹에서의 인정
안정형	느긋함 타인에 대한 지지	높은 목표 제시 경쟁과 변화를 요구하는 상황	단계별로 구체적인 티칭 세밀한 계획 짜기
신중형	원리원칙주의자 분석적	납득할 수 없는 말과 태도 결과물에 대한 비판	정확한 가이드라인 제공 논리적인 설득

4. 아이의 성격 유형 키워드에 대해 함께 이야기를 나눠 보세요.

학습 격차는
'열심'이 아니라 '핵심'으로

●

"선생님, 아무래도 저는 머리가 나쁜가 봐요."

"갑자기 그게 무슨 소리야?"

"성적이 변화가 없어요. 근데 전 이번 시험은 공부 진짜 열심히 했거든요. 독서실도 꼬박꼬박 가고, 게임도 많이 줄였고요. 1등급은 아니더라도 2등급은 받을 수 있을 거라고 생각했는데…."

고등학생이 된 민재가 자신은 공부머리가 없다며 의기소침한 얼굴로 이야기합니다. 민재뿐만 아니라 고등학생이 되고 공부에 자신이 없다는 아이들이 해마다 늘어나는 추세입니다. 제대로 공부하겠다는 마음으로 나름대로 공부 계획을 세우고 시험 준비를 한 아이도 기대에 미치지 못하는 성적을 받으면 이렇게 생각하지요.

'나는 이 과목에 소질이 없는 거야. 그렇지 않고서야 공부를 이렇게 열심히 했는데 어떻게 이럴 수가 있어?'

이러한 의심은 아이뿐만 아니라 부모도 마찬가지로 품습니다.

"선생님, 우리 아이는 수학 머리가 없어 보여요."
"왜 그렇게 생각하셨어요?"
"노력을 많이 했거든요. 수학 공부에 가장 많은 시간을 쏟고 있고요. 초등학교, 중학교 때부터 수학 공부를 제일 많이 시켰는데도 점수가 낮은 걸 보면 아무래도 문과 계열을 가야 하나 봐요."

최근 상담했던 주미 씨는 아이가 고등학교 1학년 동안 성적에 진전이 없다며, 앞으로 수학에 대한 기대를 접어야 하나 고민 중이라고 했습니다. 아이의 꿈은 이과 계열이었지만 성적이 나오질 않으니 다른 선택지가 없지 않느냐는 말이었지요.

초등 국영수 공부법

"아이가 하루에 수학 공부에 쏟는 시간이 얼마나 되는지 혹시 알고 계신가요? 학원 시간은 빼고, 순수 자습 시간이요."

"글쎄요…. 주중에는 아무래도 학원을 가야 해서요. 그래도 주말에는 매일 2시간 정도는 하지 않을까요?"

문제는 바로 이것입니다. 아이는 공부를 열심히 한다고 했지만 학교와 학원 수업을 받는 시간이 아닌, '순수 학습 시간'은 일주일을 통틀어 몇 시간도 채 되지 않았습니다. 스스로 책상 앞에 앉아서 배운 지식을 먹기 좋게 요리해 입에 넣고 소화시키는 시간을 가져야 공부의 본질에 가깝다고 할 수 있겠지요.

"중학교 때도 이렇게 공부했지만 그때는 성적이 만족스러웠어요. 그런데 고등학교 때는 왜 이런 방법이 통하지 않는 건가요?"

이런 질문을 하는 부모들도 있겠지요. 하지만 성적의 격차는 초등학교, 중학교 때까지의 공부와 고등학교 공부가 본질이 다름을 염두에 두어야 합니다.

절대평가에서
간과해서 안 되는 것

초등학교, 중학교 공부의 평가 방식은 기본적으로 절대평가입니다. 중학교 시험을 치고 나면 반 등수나 전교 등수가 적힌 '꼬리표'를 다는 학교가 많다 보니 초등학교와는 달리 등수 경쟁, 즉 평가 방식을 상대평가라고 착각하는 부모들도 많습니다. 하지만 학생부에 기록되는 공식 성적표의 체계는 A부터 E 등급까지 부여되는 5단계 절대평가 방식이지요. 90점이 넘으면 모두 A를 받고, 80점이 넘으면 모두 B입니다.

100점을 받기란 여전히 어렵지만 아이들의 학업 부담을 줄인다는 목적으로 중학교 시험은 90점 이상이 매우 많습니다. 기성세대인 부모님 세대와 비교했을 때 난이도가 많이 하락했지요. 중학교 A등급 비율은 평균적으로 30퍼센트 정도입니다. 90점이 넘는 아이들이 평균적으로 30퍼센트 이상이라는 이야기이지요. 시험 난이도가 쉽거나 학습에 관심이 많은 아이들이 몰린 교육 특구 지역의 중학교는 A등급 비율이 60퍼센트가 넘어가기도 합니다.

이렇게 90점을 넘기는 학생이 많다는 사실은 시험을 치르는데 필요한 학습량이 사실 중학교 때까지는 그리 많지 않다는 방증인 셈입니다. 중학교 때까지는 90점을 받기 위한 요구 학습량의 기준이 상대적으로 적다 보니 아이가 도서관이나 스터디 카페에 가서 공부를 더 하면 시험 점수가 쑥 올랐다고 보이지요.

하지만 고등학교는 어떤가요? 일단 시험이 어렵습니다. 고등학교 시험은 기본적으로 상대평가 과목들이 많아서 비슷한 실력의 상위권 학생들도 촘촘하게 줄을 세워야 합니다. 어떻게 하면 줄을 더 잘 세울지 고민 끝에 '소수점 배점 문제'가 등장하기도 합니다. 소수점 배점 문제의 예시를 보겠습니다.

[고등학교 소수점 배점 문제 예시]

15. A학생이 정육면체 모양의 주사위를 던져서 나오는 눈의 수에 따라 1층부터 10층 사이를 이동하는 놀이를 한다. 첫 번째 시행에서는 주사위를 던져서 나온 눈의 수와 같은 층으로 간다. 두 번째부터는 다음 규칙에 따라 놀이가 끝날 때까지 주사위 던지기를 반복 시행한다.

(규칙) A학생이 n층에 있을 때, 주사위를 던져서 나온 눈의 수가 m이라고 하자.

$n+m < 10$ 이면 $n+m$층으로 간다.
$n+m > 10$ 이면 $10-(n+m-10)$층으로 간다.
$n+m = 10$ 이면 놀이가 끝난다.

A학생이 주사위를 세 번 이하로 던져서 놀이가 끝나는 경우의 수는? [5.2점]

① 20 ② 24 ③ 27
④ 30 ⑤ 33

17. 집합 $X=\{1, 2, 3, 4, 5, 6, 7\}$에 대하여 함수 $f: X \to X$가 역함수가 존재하고, 다음 조건을 만족시킨다.

(가) $x=1$, $x=3$일 때, $(f^{-1} f)(x)+f^{-1}(x)=x+1$이다.
(나) $f(4) \neq 4$
(다) $f(6)+f(7) = 13$

이때, $f(2) \times \{f(3)+f(5)\}$의 값은? [5.5점]

① 27 ② 29 ③ 31
④ 32 ⑤ 35

15번과 17번은 둘 다 어려운 문제지만 굳이 구분하자면 17번이

'약간 더' 까다롭기 때문에 배점이 0.3점 더 높습니다. 이러한 소수점 배점 때문에 고등학교에서는 틀린 문제의 개수가 같더라도 아이들마다 성적이 달라지고, 비슷한 실력의 아이들도 등수를 나누기가 가능하지요.

등수 나누기가 용이해졌다는 이야기는 점수받기가 더 까다로워졌다는 말과 같습니다. 중학교 때는 상, 중, 하 정도로 난이도를 구분했다면, 고등학교에서는 하, 중하, 중, 중상, 상하, 상중, 최상 등으로 문제의 난도를 더 세심하게 분류하여 1등급과, 2등급, 3등급과, 5등급, 7등급과 9등급을 정확히 가려내고자 합니다. 결국 5등급을 받던 아이가 3등급이 되기 위해서는 중간 난이도 문제만 계속해서 반복할 것이 아니라 중상부터 상하까지 정도의 문제에 도전해야만 하는 새로운 과제가 생깁니다.

또 하나 더 현실적인 문제가 존재합니다. 바로 '등급제의 비율'입니다. 고등학교 상대평가 과목에서 채택하는 성적의 표기 방식은 9등급제인데 각 등급별 구간이 11퍼센트로 균등하게 나눠져 있지 않고, 양 극단으로 갈수록 비율이 적어집니다. 5등급에 해당하는 아이가 전체의 20퍼센트로 가장 많고, 1등급과 9등급에 해당하는 아이는 전체의 4퍼센트밖에 되질 않습니다.

학습량의 누적이
핵심

요즘 학교는 한 반의 학생 수가 줄어든 곳이 많아서 평균 스무 명 안팎의 학생이 한 학급에서 공부합니다. 그중에 1~2등급에 속하는 상위권 학생은 1등급 4퍼센트, 2등급 7퍼센트로 누적 11퍼센트에 불과하니 반 등수로 따지면 고작해야 반 2등까지가 2등급을 받는 셈이지요.

[등급별 비율 수치]

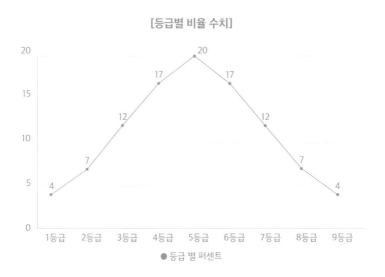

● 등급 별 퍼센트

반에서 7등(약 35퍼센트, 4등급)쯤 하던 아이가 목표하는 2등급을 받기 위해서는 6등이나 5등 아이가 아니라 2등 아이를 제쳐야 합니다.

시험기간에 공부를 '반짝' 열심히 했다고 1~2등을 하는 아이보다 성적을 더 좋게 받기는 어렵다는 말입니다. 당연한 일이지요. 그 아이들은 예전에도 열심히 공부했을 테고, 지금도 그때처럼 열심히 공부할 테니까요. 내 아이가 지금 반짝 열심히 했다고 해서 예전부터 누적되어 왔던 그 아이들의 학습량을 순식간에 따라잡기란 어렵다는 뜻입니다. 성적 격차는 이렇게 생깁니다. 초등학교, 중학교 때는 시험 전에 한 달 남짓 열심히 하면 80점에서 90점으로 올리는 일이 그리 어렵지 않았지만, 고등학교 때는 5등을 하던 아이가 자기 나름대로 열심히 해 봐야 1등이 되기 어렵지요.

이제 고등학교에서 어떻게 공부해야 하는지 감이 좀 올 것이라 생각합니다. 고등학교에서 '아이가 과거 모습보다 열심히' 하는 것은 아무 의미가 없습니다. '다른 아이들보다 열심히' 그리고 '더 많이', '더 오래' 하는 것이 핵심입니다. 3등급인 아이가 2등급을 넘어 1등급을 향해 가려면 이전부터 누적되었던 기존 1등급 아이와의 학습 총량 격차를 따라잡아야만 합니다. 학습은 누적된 시간의 결과이니 말입니다.

당연히 시간이 걸릴 수밖에 없습니다. 중학교에서 80점을 받던 아이가 90점을 받기까지는 한 달이면 되지만, 고등학교에서 2등급의 아이가 1등급을 받기 위해서는 석 달을 넘어 반년, 심지어 1년 이상이 걸릴 수도 있다는 사실을 각오해야 합니다.

결국 꾸준함이 이긴다

내 아이가 지금부터 열심히 해서 빠르게 누적 학습량을 채워가더라도 기존의 1등급을 받던 아이 역시 계속해서 학습량을 쌓아가고 있으니 격차는 좀처럼 좁혀지지는 않습니다. 그러니 답은 하나입니다. 바로, 꾸준함. 그것밖에는 없습니다.

"저희 아이가 사실 중학교 때까지는 공부를 뭐 크게 열심히 한 건 아니기는 해요. 그래서 이번 겨울방학 때는 윈터스쿨도 보낼 계획까지 잘 짜뒀거든요. 1등급은 힘들어도 그럼 2등급은 하지 않을까요?"

사실 대다수의 아이들은 학년이 바뀌는 직전인 겨울방학 기간 때는 하나같이 새로운 마음으로 열심히 공부하려고 합니다. 그렇기 때문에 당장 겨울방학 때 윈터스쿨을 가는 것은 크게 도움이 되지 않을 수도 있습니다. 분명 아이의 객관적인 실력은 한 단계 올랐지만 다른 아이들 역시 마찬가지이기 때문이지요. 하지만 방학 기간에 윈터스쿨에서 공부를 하겠다는 아이의 마음이 꾸준하게 유지된다면 결국 격차는 줄어듭니다.

남들은 겨울방학 두 달 동안 열심히 했으니 보상심리로 3월부터 해이해질 때, 관성처럼 학습을 지속하는 것! 이것이야말로 가장 빠른 승리법입니다.

더 알아보기

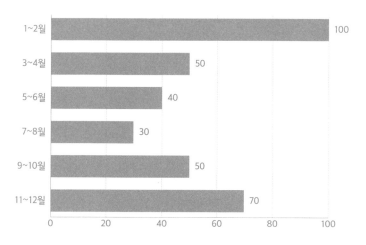

[보통의 아이들의 1년간 학습 의욕 변화]

〈1~2월〉

　대다수의 아이들이 학습 의욕에 불타는 시기입니다. 새로운 학년을 앞두었고 방학 기간도 길기 때문에 새로운 계획을 세우고 실행할 마음과 시간의 여유가 넉넉한 시기이지요.

하지만 모든 아이들이 열의에 불타기 때문에 어지간히 열심히 하지 않으면 제자리를 지키는 결과를 초래합니다. 다 같이 한 단계씩 상승하는 시기이니 내 아이가 한 단계 올랐다고 상대평가에서는 티가 나질 않겠지요?

〈3~4월〉

새 학년이 되어 새 친구를 만나고 새로운 환경에 적응해야 하는 시기입니다. 만약 아이가 겨울방학 동안 열심히 했다면 조금은 마음의 여유가 생겨 느슨해지기 쉽습니다. 학습 의욕이 떨어지기 시작하다가 중간고사를 앞두고 다시 불타오르지만 여전히 겨울방학 때의 의지와 비교하면 학습의 질은 낮아졌습니다.

〈5~6월〉

아이가 중간고사를 친 시기입니다. 많은 아이들은 겨울방학 동안 '빡공'('빡세게 공부하다'의 줄임말)을 했음에도 비슷한 성적을 받습니다. 다시 말하지만 성적은 그리 쉽게 변하지 않으니까요. 여기서 충격을 받고 열을 올리면 드디어 성적의 변화가 보이지만, 아이들을 방해하는 요소들이 너무 많습니다.

새 학년의 첫 시험이 끝나고 나면 미뤄왔던 온갖 학교 행사들이 시작되기 때문이지요. 게다가 가족의 달인 5월은 매주 가족 행사가 있습니다. 이래저래 학습의 지속이 쉽지 않은 때입니다.

〈7~8월〉

기말고사까지 끝나고 여름방학 시기입니다. 더운 날씨에 3주 밖에 되지 않는 대다수 고등학교의 여름방학은 뭔가를 해 보자는 마음을 먹기에는 너무 짧습니다.

방학 시작하고 일주일은 1학기 동안 학교 생활을 열심히 한 자신에게 주는 '휴식기'이고 개학을 한 주 앞둔 마지막 주는 이제 다시 학교를 가야 할 자신에게 주는 '준비기'로 삼는 아이가 많습니다. 어영부영 흘러가기 가장 좋은 시기이지요.

〈9~10월〉

뭔가 다시 해 보려고 하지만 아뿔싸! 민족 대명절 추석이 있습니다. 추석이 빨라 9월에 있는 해에는 이렇게 생각하는 학생이 많습니다.

'9월 중순쯤 추석이니까, 공부는 추석 끝나고부터 진짜 해야지!'

가을의 절반이 사라지는 마법 같은 주문입니다.

〈11월~12월〉

다시 열의가 가득해지는 시기입니다. 11월 중순에 있는 수능이 끝나면 학교나 학원에서 "너 이제 고1 아니고, 고2인 거 알지?", "이제 고2들, 수능까지 딱 1년 남았어!"라는 이야기를 일제히 시작합니다.

동시에 아이들은 위기감을 느끼지요. 멀게만 느껴졌던 고등학교 3학년이 코앞으로 다가왔지만 그다지 변하지 않은 자신을 생각하면 뭔가 잘못됐다고 생각합니다. 자기반성이 끝나면 학업 계획을 세우고, 1년 간 가장 좋은 사이클로 들어섭니다.

초등 국영수 공부법

역전하는 아이는
문제만 풀지 않는다

가끔은 다른 아이들보다 내 아이가 더 열심히, 오래 공부해서 누적된 학습의 총량이 충분히 많으리라 생각되는데도 성적이 오르지 않을 수도 있습니다. 책상 앞에 앉아서 남들도 인정할 만큼 치열히 공부했음에도 변화가 없다면 아이가 어떻게 공부하는지 방법을 확인해야 합니다.

고등학교 2학년의 초여름에 만난 한나의 이야기입니다.

"선생님, 저 공부 진짜 열심히 하거든요. 말만 그런 게 아니라 저

진짜로 열심히 해요. 선생님, 근데 제 성적은 4등급이에요."

경험에 따르면 이렇게까지 스스로 열심히 한다고 억울하다는 듯 항변하는 아이들의 노력은 진심일 때가 많습니다. 고등학생쯤 되면 '열심히' 해야 하는 이유를 알기 때문에 웬만큼 성실한 학생들도 감히 열심히 했노라 자부하지는 못하기 때문이지요.

한나가 공부하고 있는 교재를 봤더니 틀린 문제를 풀고 또 풀어서 너덜거릴 정도였습니다. 수도 없이 쓰고 지우고 고민한 흔적도 사방에 남아 있었습니다. 정말 공부를 열심히 했다는 한나의 말을 뒷받침하는 증거였지요. 그렇다면 무엇이 문제였기에 한나는 성적을 2등급도, 3등급도 아닌 4등급을 받았을까요?

핵심은 문제 풀이가
아니라 개념 풀이

수업을 진행하자마자 한나의 문제점이 눈에 들어왔습니다. 한나는 이론을 제대로 이해하지 못한 상태에서 문제만 열심히 풀고 있었습니다. 사실 수학 학습에서 '개념의 중요성'을 간과하는 아이들은 꽤 흔합니다. 문제집 단원의 가장 첫 페이지에 나오는 이론 설명은 그냥 눈으로 한 번 훑고 공식이 생각나지 않을 때 마치 영어 단어 사전을 찾듯 들춰 보는 것이 '개념 공부' 또는 '이론 수업'이라고 착각하고 맙니다.

저학년 때는 이론이나 개념이 복잡하지 않기 때문에 공식만 잘 외우고 넘어가면 마치 '이론'에 통달한 것처럼 느끼기 쉽습니다만, 고등학교에서는 과연 그런지 의문입니다. 아이들에게 적분 문제를 풀고 있으니 적분이 무엇인지 설명해 보라고 하면 말끝을 흐리고, 방정식과 함수의 차이를 말해 보라고 하면 '꿀 먹은 벙어리'가 됩니다. 이론 공부는커녕 개념 정리도 안 된 상태라는 뜻이지요. 그러한 상태에서 문제를 풀려고 하니 문제가 뜻하는 바가 정확히 무엇인지도 모르겠고, 문제의 문장 속 어떤 단어가 핵심인지 감도 못 잡지요.

풀이를 써 내려가더라도 갑자기 길이 보이지 않아 더 이상 진행할 수가 없고, 더 나쁜 경우는 자신이 뭘 찾는지도 모르는 채 그냥 산수만 하는 아이도 있습니다. "이거 왜 이렇게 풀었니?"라고 물으면 "그냥요"라고 대답하는 아이들. 고등 수학은 산수가 아닌 논리라는 사실을 이해하지 못하고, 어렸을 때 연산하던 것처럼 문제를 풀려고 하니 재미도 없고 실력도 나아질 기미가 보이질 않지요.

대형 인터넷 강의 업체의 일타 강사들이 강의를 어떻게 구성해

놓았는지 한 번 둘러보세요. 둘러보면 가장 핵심 메인 강좌는 '문제 풀이'가 아닌 '이론 학습'임을 알 수 있을 것입니다. 그만큼 수학은 이론에서 시작해서 이론으로 끝난다고 해도 과언이 아닙니다.

가끔 "수학도 암기과목이지 않느냐"라고 말하는 사람들도 있지만 문이과 통합으로 모든 아이들이 동일 시험, 동일 경쟁을 치러야 하는 지금 시대에는 뒤처진 말이 되었습니다. 수학은 단언컨대 이해가 우선인 과목입니다.

한나에게 "문제 풀이를 멈추고 개념 정리부터 하자"라고 말했더니 처음에는 한나도 반신반의하는 눈치였습니다. 아이는 언제나 '더 많이' 풀어야 한다는 말만 반복해서 들었을 텐데, 제 말이 이상했겠지요. 더도 말고 덜도 말고 딱 석 달, 100일만 해 보자고 했습니다. 지금까지 그 많은 문제들을 풀어왔지만 변화가 없었으니 해 보자고 설득도 했지요. 다행히 하겠다며 고개를 끄덕였습니다. 한나는 놀라울 정도로 집중하며 빠르게 구멍을 메워나갔습니다.

이론을 배우지 않아 구멍이 나 있기는 했지만 한나는 기본적으로 학습량이 워낙 많던 상태였습니다. 빠트린 부분을 채우면 채우는 대로 일사천리로 발전했습니다. 마치 아귀가 맞아 떨어지는 돌로 돌담을 쌓는 것 같았지요.

한나는 기어이 같은 해 2학기 시험에서 전교 1등을 거머쥐었습니다. 4등급에서 전교 1등까지 걸린 시간은 겨우 100일 남짓이었습니다. 남들은 거짓말이라고도 했고 학교 선생님들도 쉽게 믿지 않는 변화였습니다. 하지만 함께 공부했던 같은 반 아이들은 "너라면 충분히 가능한 일이야"라고 반응했지요. 자습실에 가장 먼저 와서 가장 늦게까지 공부하며 그날 공부하기로 한 계획을 지키기 위해서 말 그대로 '허벅지를 펜으로 찌르며' 울면서 공부하던 아이였으니까요.

한나는 남들은 짧다고 어영부영 보내는 여름방학 중 단 3주 동안 필요한 이론 정리를 모조리 공부했을 뿐만 아니라, 문제집의 2,500개 문제를 완벽하게 소화할 정도로 치열하게 공부했습니다. 조금 늦게 시작했더라도 애초에 한나에게는 그다지 문제가 되지 않았습니다. 오히려 한나는 '늦게 시작했으니 더 많이 하면 된다'라는 마인드로 정신을 무장했지요.

만루홈런 타자처럼 역전하려면

한나의 사례에서 주목해야 하는 것은 두 가지입니다.

첫째는 열심히 공부해도 방법이 잘못되었다면 변화를 기대하기 어렵다는 것.

둘째는 방향을 뒤늦게 잡아도 열심히 해 온 습관은 결코 배신하지 않는다는 것.

꼼수를 부리지 않고 매 순간을 치열하게 보낸 아이가 충분한 학습량이 쌓일 기간이 지났음에도 변화가 없다면 바로 그때가 부모가 주저 없이 개입해야 할 때입니다. 열심히 공부하는 아이일수록 방법이 잘못되었을 수도 있다는 사실을 의심하지 못합니다. 노력을 덜해서 그렇다고 자책하면서 잠을 극단적으로 줄이는 등 스스로를 한계까지 몰아붙이는 경우도 많습니다. 외골수에 가깝다 싶을 정도로 고집 있는 아이는 바른 방향을 제시해 주는 순간, 한나처럼 실력이 폭발적으로 성장합니다.

우리 아이가 열심히 했는지는 부모님이 가장 잘 압니다. 많은 교육 전문가들은 아이 공부에 직접 관여하지 말고 지켜보기를 강조하지만, 길을 못 찾아 헤매는 아이를 그저 내버려 둘 것인가요? 아이들은 아직 성인이 아닙니다. 부모님의 삶의 경험과 지혜를 나눠 주어야 할 시기에 주저하지 마세요.

만약 우리 아이가 잘못된 방향을 잡아 고생했다고 무작정 안쓰러워하실 필요는 없습니다. 역전은 쉽지 않습니다. 그래서 더욱 가치 있지요. 역전하는 과정에서 아이가 흘렸던 숱한 눈물과 땀은 한 아이를 한 인간으로 성장하는 데 기여하고, 단순한 '성적' 그 이상의 가치를 가져다 주리라 믿습니다.

초등부터 고등까지 공부 목표 세우기

1. 초등학생 때

초등학교 단원평가는 공식적인 시험이 아니며, 진짜 우등생을 가리는 변별력을 가졌다고 보기도 어렵습니다. 다만, 70점 미만이라면 현행 학습에 어려움을 느낀다는 뜻이므로 주의가 필요합니다.

초등학교 우등생을 확인할 수 있는 것은 주제탐구 활동이라는 이름의 교과 연계 복합 활동입니다. 고등학교 입학 후 대입의 핵심이 되는 프로젝트 활동의 첫 시작점이지요.

주제 탐구 활동을 통해 초등학생들은 의미 있는 주제 선정법, 교과 내용 연계 및 활용, 통합 사고력, 창의성, 논리력, 의사소통 능력 등의 내용을 복합적으로 키울 수 있습니다. 모둠 수업이 재미있다고 말하는 아이가 바뀐 입시에서 살아남을 아이로 성장합니다.

2. 중학생 때

교과 학습과 탐구 활동 간의 균형 맞추기가 중요합니다. 아이가 중학교에 입학하고 나면 시험에 대한 압박으로 인해 점수에 몰입하는 경향이 있습니다. 앞으로 학교 시험은 지필고사 60퍼센트와 수행평가 40퍼센트가 합쳐져 나온다는 것을 늘 염두에 두어야 합니다.

지필고사만큼 수행평가가 중요해졌고, 이 수행평가가 초등 주제탐구 활동에서 심화된 평가 과정임을 이해해야 바뀐 입시와 달라진 학교를 이해할 수 있습니다.

경기도의 모 중학교 2학년 국어 수행평가

수행평가 주제 및 배점	평가 내용
1. 문학 작품 재구성하기 (20점)	(1) 원작 파악하기 - 원작에 대한 인상과 느낌을 표현할 수 있는가? - 주제와 분위기를 파악할 수 있는가? 등 (2) 재구성 계획 세우기 - 원작의 주제 의식을 잘 반영하였는가? - 재구성 의도가 분명한가? 등 (3) 작품 재구성하기 - 결과물이 완성도 있게 창작되었는가? - 주체적 시각과 재구성 의도가 드러났는가? 등
2. 설명하는 글쓰기 (20점)	(1) 설명하는 대상과 글을 쓰는 목적이 분명한가? - 글의 주제와 예상 독자가 일치하는가? - 전달하고자 하는 의견이 명확한가? (2) 글쓰기 형식이 매끄러운가? - 내용의 전개 순서는 적절한가? - 소주제와 세부 내용의 연결이 자연스러운가? 등 (3) 고쳐 쓰기와 완성 - 문장 및 문단 구성과 길이가 적절한가? - 교정부호를 활용하여 고쳐 쓰기가 올바른가? 등

4. 고등학생 때

목표하는 진로에 맞는 공부 계획을 세울 수 있는지가 우등생의 첫 번째 조건입니다. 고등학생은 선택해야 할 것도 많고 준비해야 할 것도 많은 시기이기 때문에 명확한 목표 설정과 성취 의지가 없다면 중간에 표류하거나 중요하지 않은 일에 매달려 숲을 보지 못하는 일이 많습니다.

자신의 꿈을 이루기 위해서는 어떤 대학교, 어떤 학과가 유리한지, 해당 학과 진학을 위해서는 어떤 교과 수업을 선택하여 시간표를 구성할지, 해당 수업의 내신 성적 관리와 학생부 관리를 위한 프로젝트 활동의 효율적 배분이 가능한지, 기타 동아리 활동과 자율 활동을 열심히 하고 있는지, 모의고사 추이는 어떠한지를 종합적으로 고려해야 합니다.

너무 많다고요? 그래서 초등학교 때부터 시험만이 아닌 다양한 학교 활동을 경험하며 준비해야 하지요. 결국 고등학교에서 성공적으로 대입을 준비하는 아이들은 초등학교 때 기반을 차근차근 쌓아온 아이들의 몫입니다.

2장

"우등생의 기준이
달라졌다"

새로운 교육에 맞는 공부법

꼬리에 꼬리를 무는
교육의 변화

●

"교육이 바뀌는 것에 대해서 어떻게 생각하나요?"

대치동 한복판에 위치한 고등학교에서 '고교학점제와 새로운 인재상'이라는 주제로 강연했을 때 했던 첫 질문입니다. 말을 마치자마자 아이들은 기다렸다는 듯 불만 섞인 말을 쏟아 냈습니다.

"솔직히 문이과 통합이니, 고교학점제니 하면서 바뀌는 거, 쓸데없는 일처럼 느껴져요. 피부에 와닿는 게 없거든요."
"맞아요. 계속 복잡해지기만 하고, 뭐가 뭔지 모르겠어요. 그래서 좀 억울해요. 예전보다 대학가기만 더 어려워진 거 같아서요."

"결국엔 아무것도 바뀐 게 없는데 말로만 좋아지는 거 같아서 별로예요. 어른들만 신난 것 같아요."

이것이 현재 우리나라 고등학생들이 가지고 있는 '교육 변화'에 대한 현실적인 생각입니다. 그나마 우리나라에서 교육에 가장 민감하다는 대치동이었기에 대다수의 아이들이 불만이라며 이야기했지, 다른 곳이었다면 아예 바뀌는 교육 체제에 대해서 전혀 모르는 아이들이 더 많았겠지요.

여전히 절대 다수의 아이들은 바뀌는 교육 체제를 잘 모르고, 그것을 친절하게 설명해 주는 어른은 여전히 부족하며, 피부로 와닿지도 않아 하지요. 변해야 한다는 깨달음도 비전도 없이 막연하고 추상적으로 생각하고 맙니다. 제가 생각하는 우리나라 교육의 가장 큰 문제가 바로 여기에 있습니다. 교육의 주체가 되어야 할 아이들이 교육의 변화에서 늘 한 발 비껴 나가 있다는 점 말입니다.

언제나 결정은 어른들이 하고, 아이들에게 왜 그런 결정을 내렸는지조차도 알려 주지 않습니다. 그저 "앞으로 이렇게 바뀔 테니 적응하도록 해. 이 소식조차 듣지 못했다면 어쩔 수 없지. 안타깝지만 해 줄 수 있는 게 없구나" 정도의 자세를 보이지는 않나요?

초등 국영수 공부법

교육판을 아이들의 리그로
만들어 주려면

교육부는 아이들을 미래 사회에서 제 역할을 다 할 인재로 키워 내기 위해 끊임없이 고민한다고 합니다. 연구해서 새로운 체계를 도입하고 장려하려고 하지만 아쉽게도 우리 사회는 여전히 서로를 이해하지 못하고 평행선을 달리는 꼴입니다.

아무리 좋은 취지를 가진 제도라도 언제나 그 제도를 시행하는 주체들의 사회적 합의가 필요합니다. 그런데 우리 사회는 교육 제도를 변경할 때 공교육과 사교육, 그리고 학부모의 의견을 모두 고려하여 토론 자리도 만들고, 교육 자리도 만들지만 아직까지 그곳에서 아이들은 찾아보기 어렵습니다.

넥타이를 매고 하이힐을 신은 어른들이 모여 10대들의 교육을 논하는 자리에 정작 10대는 없지요. 바뀌는 교육 정책을 알려 주는 유튜브 영상을 보아도 부모를 대상으로 제작되었지, 바뀐 정책을 직접 겪을 아이들을 대상으로 설명하는 채널은 손에 꼽을 정도입니다.

아이들이 학교를 모릅니다. 단언컨대 이보다 더 시급한 문제는 없습니다. 입시에 대한 모든 문제는 여기서부터 시작한다고 해도 과언이 아닙니다.

아이들이 교육 정책과 시행 배경을 모르니 스스로 판단하지 못하고 다른 사람의 의견에 휘둘리지요. 아이들은 부모님의 의견, 학원 선생님의 의견, 학교 선생님의 의견이 모두 다르니 핵심을 찾지 못하고 곁다리만 빙빙 돕니다.

아이는 "학원 선배 민수 형이 봉사활동을 열심히 한 게 입시에 도움이 되었대"라는 이야기를 듣고는 매주 토요일마다 여기저기 봉사활동을 하러 다닙니다. 그렇게 활동을 하다가, "명문대에 합격했다는 어떤 유튜버는 봉사보다는 동아리 활동이 더 도움이 되었다던데?"라는 이야기를 들으면 일명 '멘붕'이 오는 것입니다. 정작 학원 선배 민수가 왜 봉사활동에 주력했는지, 명문대를 합격한 유튜버가 동아리에서 무엇을 했는지 알지 못한 채 말이지요.

다음 도식은 중학생들을 대상으로 고교학점제를 대비한 학업 계획서를 직접 계획해 보는 수업을 진행할 때, 제가 사용하는 자료입니다.

"중학교 때와는 달리 고등학교에 올라가면 너희가 원하는 수업을 선택할 수 있다"라는 말과 함께 고등학교 과목들의 일부를 소개해 주면, 따분해 죽겠다는 표정을 하던 아이도 어느새 잠에서 깨

경제	동아시아사	윤리와사상	세계지리
정치와법	한국지리	사회문화	세계사
물리1	화학 1	생명과학 1	지구과학 1
영어권 문화	기하	심화국어	프로그래밍

친구에게 어떤 과목이 좋을지 추천해 주세요!

어 친구들과 서로 이야기를 나누기 시작합니다. 동시에 아이들이 진짜 질문이 꼬리에 꼬리를 잇습니다.

"선생님, 저는 경찰관이 되고 싶은데요. 그러면 〈법과 정치〉를 들어야 할까요? 제가 보기엔 관련이 있어 보여서요."

"전 우주에 관심이 있는데 그러면 〈지구과학〉을 공부해요? 애가 〈물리〉 공부해야 된다고 자꾸 그래요!"

"〈윤리와 사상〉은 뭐예요? 중학교에서 배우는 〈도덕〉 같은 거예요?"

"선생님, 〈프로그래밍〉은 또 뭐예요? 이거 배우면 어플리케이션도 만들 수 있는 거예요? 진짜 이런 것도 가르쳐 줘요?"

"두 개 선택해도 돼요? 하고 싶은 게 많아요."

아이들이 진로와 연결하여 고등학교 과목에 대한 관심이 많다는 방증입니다. 부모를 대상으로 한 강의에서는 조금 다른 질문들이 나옵니다. 아이들과 부모들의 궁금증이 얼마나 다른지 '고교학점제' 강의할 때 나왔던 질문을 볼까요?

[고교학점제 강의 시 자주 나오는 질문들]

부모의 궁금증	아이의 궁금증
- 어떤 과목이 난이도가 더 쉬운가? - 어떤 과목을 선택해야 대학 가는데 유리한가? - 각 과목의 성적 표기 방식은 모두 동일한가? - 해당 과목을 위해서는 미리 어떤 공부를 하는 것이 좋은가?	- 이 과목은 뭘 배우는 것인가? - 내 진로와 맞는 과목은 무엇인가? - 이 과목을 배우면 어떤 도움을 받는가? - 혹시 'OO'이라는 내용과 관련된 과목은 없을까?

차이점이 느껴지나요? 아이가 궁금해 하는 것은 부모가 궁금해 하는 것과 본질적으로 다릅니다. 아이들은 부모들과 달리 교육 정책의 취지를 명확하게 보여 주는 질문을 합니다. 마치 '핵심을 꿰뚫는 눈'을 가진 것처럼 말이지요. 성적 체계나 수업 진행 방법 같은 형식은 아이들에게는 부차적인 문제이지요.

교육 정책과 입시 문제에 대한 핵심을 파악한 아이들은 쉽사리 뜬소문에 흔들리지 않습니다. 때문에 초등학생, 중학생 아이를 둔 부모라면 아이에게 상급 학교에 대한 '객관적인' 정보를 전달해 주세요. 아이가 나름의 의견을 낼 때까지 부모의 생각은 조금 미뤄두서도 좋습니다.

중학교에 가면 맞이할 '자유학기제(혹은 자유학년제)' 때는 왜 시험을 치지 않는지, 고교학점제는 어떻게 시행되는지, 통합형 수능이 시행된 배경은 무엇인지, 서술형 시험은 어떻게 도입되는지 이야기해 주세요. 사실만 담백하게 이야기하듯 건네면 됩니다. 아이의 핵심을 꿰뚫는 눈을 믿어 보세요.

더 알아보기

특성화고와 일반고 과목 비교

고등학교 2학년 때부터 자신이 듣고 싶은 과목을 선택하는 일반계 고등학교에 반해, 특성화고 아이들은 중학교 때 '전공'에 대한 이해를 가져야 합니다. 특성화고는 고등학교 원서를 넣는 중학교 3학년 때 이미 전공을 정해야 합니다. 게다가 일반고 학생들보다 전공과목이 더욱 세분화되어 있지요.

예를 들어 화학과를 가고 싶은 학생이나 기계공학과를 가고 싶어 하는 학생은 과학 선택 과목에서 물리 계열이냐, 화학 계열이냐

[충청북도 C시에 위치한 모 특성화고 전공 별 개설 과목 중 일부 예시]

를 두고 약간 차이가 날 뿐입니다. 기타 〈국어〉, 〈영어〉, 〈수학〉 과목은 비슷한 것을 선택하게 되지요. 특성화고의 전공은 이름이 비슷하다고 할지라도 그 차이가 매우 큽니다. 하지만 안타깝게도 특성화고로 진학할 계획을 세우고 있는 아이들을 보는 시선이 여전히 '공부를 그리 잘하지 못하거나 관심이 적은 아이들'이라는 데 멈춰 있습니다. 때문에 아이들은 어른들로부터 이런 설명을 들을 기회가 적은 현실이지요.

전공에 대한 충분한 설명을 듣지 못한 채 떠밀리듯 중학교 3학년, 16살에 선택한 전공이다 보니 전공과목에 흥미가 없을 경우 학교생활 자체에도 회의를 느끼는 아이가 많습니다. 학교에서 해 줄수 없다면 부모님이 발 벗고 나서야 합니다. 만약 우리 아이가 특성화고나 마이스터 고등학교에 관심을 보인다면 무작정 윽박지르기보다는 어떤 것을 배우게 되는지 전공과목에 대해 함께 이야기를 나눠 보세요.

대체 대학이 원하는
아이는 누굴까?

●

"선생님, 고등학교 선택을 어떻게 할지로 요즘 매일 애랑 전쟁이에요."

"무엇 때문에 고민하세요?"

"내신을 받기 쉬운 학교와 어려운 학교 중 어디가 좋을까 해서요. 내신을 받기 쉬운 학교는 시험이 쉬우니까 스트레스가 덜할 듯한데 분위기가 좀 걱정이네요. 내신을 받기 어려운 학교는 분위기는 좋을 것 같은데 등급이 안 나오면 또 말짱 꽝이니까…."

예전에는 아이가 중학교 3학년이 되는 가을쯤부터 이러한 고민을 했다면, 요즘에는 선행과 심화 학습을 걱정하는 학년이 내려가면서 중학교 1학년 학생과 부모들도 고등학교 선택을 어떻게 할지 걱정하는 경우가 많습니다.

특히 비평준화 지역은 이러한 고민이 더욱 심각할 수밖에 없습니다. 여전히 중등 내신으로 고등 입학이 결정되는 비평준화 지역은 평준화 지역에 비해 학교별 분위기 차이나 내신 시험 난이도 차이가 극명하기 때문이지요. 부모는 이마에 주름만 깊어 갑니다. 하지만 입시를 정확히 이해한다면 고등학교 선택은 그리 중요한 문제가 아닐 수도 있습니다.

내신이 좋다고 장땡은 아니다

많은 부모가 착각하는 한 가지가 있습니다. 바로, 대학이 아이들의 '교과 성적의 우수함'을 판별할 때 '내신 등급'만 가지고 판단한다는 점입니다.

대학은 아이들을 그렇게 간단하게 믿지 않습니다. 일례로 주요 대학들의 학생부 종합 전형 판단 근거를 잘 살펴보면 '교과 성적의 우수함을 확인하기 위해 원 점수, 등급, 학교 평균, 표준 점수 등을 고려함'이라고 명시했습니다. 내신 등급은 여러 판단 기준 중에 하나에 불과할 뿐이지요. 물론 아이의 등급이 높으면 좋겠지만 등급만 높다고 반드시 교과 성적이 우수하다고 인정하지는 않겠다는 뜻입니다.

[학업 우수성을 확인하기 위한 지표]

수시 ▶	학생부 교과	내신등급 + 수능 최저 등급 등
	학생부 종합	등급 + 학교 평균 + 원 점수 + 표준편차 등
	특기자	관련 영역 포트폴리오 + 내신 등급 등
	논술	지원 학과 관련 과목 논술 점수 + 수능 최저 등급 등
정시 ▶	수능	수능 백분위 / 표준 점수 / 등급

위의 표는 대입에서 사용되는 여러 전형에서 대학들이 아이들의 '학업 우수성'을 확인하기 위해 어떤 지표를 판단 근거로 삼는지 대략적으로 나타낸 것입니다.

수능 위주의 정시 전형을 제외하고는 많은 대학들이 2가지 이상의 지표를 사용함을 알 수 있습니다. 좀 단순하게 전형을 만들면 좋을 텐데 대학은 왜 이렇게 복잡하게 아이들을 뽑으려 할까요? 아

초등 국영수 공부법

이러니하게도 대학 전형이 복잡해지고, 각 전형마다 필요한 요소가 다양해진 것은 '불합리하게 떨어지는' 아이들을 최소화하기 위함입니다.

언뜻 이해가 안 됩니다. 언론에서는 늘 대입 전형의 불합리함, 비리, 이런 것에만 초점을 맞추고 더욱 자극적인 사례와 기사만 난무하니까요. 하지만 대학들은 언제나 더 우수한 아이, 더 발전 가능성 높은 아이를 찾으려고 혈안이 되었습니다. 미래를 이끌 인재를 키우는 일은 대학의 존폐를 결정하는 일이기도 하니까요.

A 대학이 우수한 학생을 뽑고 싶어 한다고 가정해 봅시다. A 대학 수시 학생부 교과 전형에 내신 1.5등급, 1.6등급, 1.7등급인 아이 세 명이 지원했습니다. 대학이 선발하고자 하는 인원은 두 명이고요.

[나래, 도연, 지민의 등급 비교 1_ 등급 차이]

세 아이들이 지원한 학생부 교과전형은 학생부에서 오로지 '내신 등급' 하나만을 확인합니다. 그러면 1.5등급을 받은 나래와 1.6

등급을 받은 도연이가 당연히 합격했겠지요? 1.7등급을 받은 지민이는 세 명 중에 3등이니 떨어져야겠고요. 하지만 지민이의 학교는 내신 경쟁이 나래와 도연이가 다니는 학교보다 더 힘듭니다. 전국적으로 시행되는 모의고사 점수를 봐도 늘 지민이가 나래와 도연이보다 높습니다. 학교가 달라 내신은 지민이 3등이지만, 모의고사를 보면 지민이가 1등을 합니다. 등급의 역설은 여기에서 생긴 것입니다.

대학은 이 점을 고려해 '객관적으로 우수한 아이'가 억울하지 않도록 추가 장치를 마련했습니다. 그렇게 각 전형마다 딱 하나의 평가 지표만을 두지 않고 아이들을 평가하는 복합적 입시가 완성이 된 것입니다.

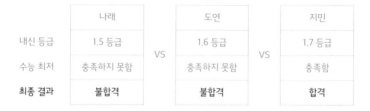

[나래, 도연, 지민의 등급 비교 2_ 최종 결과]

	나래		도연		지민
내신 등급	1.5 등급	VS	1.6 등급	VS	1.7 등급
수능 최저	충족하지 못함		충족하지 못함		충족함
최종 결과	불합격		불합격		합격

실제로 나래와 도연이는 지민이에 비해 더 좋은 내신 성적을 거

뒀지만 수능 최저 등급을 충족하지 못해 불합격하게 되었습니다. 내신 등급만 잘 받으면 비교과고 뭐고 아무것도 상관없다고 생각했던 수시 학생부 교과 전형은 대부분 '수능 최저 등급'을 맞춰야 한다는 단서 조항이 붙기 때문입니다.

도핑 테스트 같은
수능 최저 등급

수능 최저 등급이란 일종의 도핑 테스트 같은 절차입니다. 내신 등급이 아무리 좋아도 도핑 테스트를 통과하지 못하면 메달을 박탈당하는 것이 핵심이지요. 그러니까 대학이 각자 설정한 '수능 최저 등급 미충족자'는 내신이 아무리 좋더라도 불합격을 할 수밖에 없습니다.

선발 인원이 2명이라고 명시되었어도 도핑 테스트를 통과한 인원이 1명뿐이라면 1명만 합격합니다. 나머지 1명은 추후에 있을 정시(수능) 전형으로 이월시키면 그뿐입니다. 만약 내신 등급만으로 학생을 선발했다면 지민이는 떨어졌을 테지요. 합리적인 불만이 생겼을지도 모를 일입니다.

그런데 초등학생, 중학생과 부모들은 이런 설명을 들어도 "에이,

그래도 내신이 그렇게 좋은 아이들이 수능 최저 등급을 못 맞출 확률이 뭐 그렇게 많겠어요?"라고 의문을 제기합니다.

[서울대 수시 지역균형 전형 지원자 수와 미충족자 비율표]

모집 학년	지원자	수능 최저 등급 미충족자	수능 최저 등급 미충족자 비율
2016년	2,364명	1,016명	43.0퍼센트
2017년	2,364명	1,145명	48.4퍼센트
2018년	2,432명	969명	39.8퍼센트
2019년	2,444명	1,121명	45.9퍼센트
2020년	2,461명	1,106명	44.9퍼센트

(자료 = 강민정 열린민주당 의원실)

이 표는 서울대 수시 지역균형 전형에 지원한 아이들의 숫자와 수능 최저 등급이라는 도핑 테스트를 통과하지 못한 아이들의 숫자를 보여줍니다. 서울대 지역균형 전형은 다른 일반적인 전형과 조금 다릅니다. 줄여서 '지균'이라고 불리는 이 전형은 소위 '전교 1등을 위한 전형'이라고 불리지요.

아무나 지원할 수 없고 각 학교마다 딱 2명의 아이만 선발하여 지원할 수 있기 때문에 보통 문과계열 전교 1등 한 명과 이과계열 전교 1등 한 명이 추천장을 받아 지원하는 전형으로, 일단 이 추천

장을 받았다는 것 자체가 전교 1등을 했다는 보증수표 역할을 합니다. 게다가 이 전형은 재수생은 추천장을 받지 못합니다. 애초에 지원 요건에 '현역 고3'이라는 조건이 붙었기 때문입니다. 즉, 서울대 지역균형에 지원한 2,400여 명은 모두 각 학교의 전교 1등으로 공부를 못했다고 불릴 아이들이 아니라는 것이지요.

그런데 이 '전교 1등' 중에서 수능 최저 등급이라는 도핑 테스트를 통과하지 못한 아이가 매년 평균 약 45퍼센트에 달합니다. 두 명 중에 한 명은 도핑에서 걸렸다는 것인데요. 과연 도핑 테스트의 기준이 너무 높아서 이런 결과가 나왔을까요?

[각 학교 전교 1등에게 요구하는 기준]

2016년~2020년 서울대 지역균형 수능 최저 등급
수능 2등급 이내 과목 3개

2016년부터 2020년까지 서울대가 지역균형 지원자에게 요구한 수능 최저 등급은 '수능 2등급 이내 과목 3개'입니다. 쉽게 이야기 하면 수능 4과목 〈국어〉, 〈수학〉, 〈영어〉, 〈탐구〉 중에 적어도 2등 급 이상 나오는 과목이 3개가 필요하다는 것이지요. 수능 4과목에 각각 2등급, 2등급, 2등급, 9등급도 붙여 준다는 이야기입니다. 이

기준이 '각 학교 전교 1등'에게 요구하는 기준으로 엄격해 보이나요? 판단은 여러분의 몫입니다.

한마디로 정리하자면, 내신 등급만으로는 대학에 가기 어렵다는 것이 핵심입니다. 그러니 "내신 따기 쉬운 학교에 진학해서 전교 1등을 하면 서울대나 의대에 갈 수 있지 않아요?"라는 말에 이제 "그렇지 않을 수도 있다"라는 대답을 들려 줄 수밖에 없다는 사실, 이해되나요?

더 알아보기
내신과 수능 등급이 다를 때

내신은 '학교 단위 경쟁'이고 수능은 '전국 단위 경쟁'입니다. 이 차이는 지역, 학교에 따라 꽤 큽니다. 실제로 내신은 3등급인데 수능은 1등급인 학교도 있고, 내신은 1등급인데 수능은 3등급인 학교도 있습니다. 당연히 대학은 내신도, 수능도 1등급인 학생을 선호하겠지요? 다만, 이렇게 모든 시험을 잘 치는 학생은 적기 때문에 아이에게 맞는 전형을 찾는 것, 그리고 아이에게 맞는 목표를 설정하는 일이 중요합니다.

내신은 1등급인데 모의고사가 3등급이 나오는 아이라면 따로 수능 공부를 해야 합니다. 학교 시험은 수능에 비해 쉬운 편이기 때문에 내신 출제 수준보다 더 어려운 심화 학습에 매진하면서 경쟁자를 같은 반 친구가 아닌 다른 학교의 1등급 학생들로 두어야 실력이 떨어지지 않습니다.

반대로 내신은 3등급인데 모의고사가 1등급이 나오는 아이는 교과 전형이 아닌 종합 전형이나 수능에 좀 더 가중치를 두면서 스트레스를 관리할 필요가 있습니다. 이런 아이들이 다니는 학교는 대부분 '명문고'라고 불리는 학교로, 내신 경쟁은 매우 치열하지만 비교과 활동의 질이 다른 학교에 비해 평균적으로 우수하기 때문에 장점을 살리면서 입시를 준비하면 좋은 결과를 얻을 수 있습니다.

학생부 종합 전형을 보는
4가지 기준

좋은 성적을 받기 위해 아이는 현재의 유혹을 참아내며 공부합니다. 공부 잘하는 아이를 둔 부모는 '좋은 대학에 합격'시키려 하겠지요. 정작 좋은 대학에 합격시키기를 원하면서 '대학이 어떤 학생을 뽑으려고 하는지'에 관심을 두는 부모는 극소수입니다.

다수의 아이들도 마찬가지로 목표하는 대학이 어떤 기준으로 학생을 선발하는지도 모른 채 그저 남의 이야기를 듣고 입시를 준비합니다. 도대체 대학이 원하는 아이는 어떤 아이일까요? 부모는 어떤 기준으로 아이에게 입시에 대해 이야기해 주어야 할까요?

대학이 원하는
합격 조건

대학은 친절하게 '우리 학교가 원하는 인재상은 이렇다'는 정보를 홈페이지에 기재해 두었습니다. 하지만 수험 생활 동안 목표하는 대학의 '대학교 입학처' 사이트에 접속을 해 본 아이들은 손에 꼽습니다. 접속을 해 본 아이들도 그저 기출문제가 어디 없을까 해서 기웃거린 정도이고요. 결국 장님 코끼리 만지듯 대충, '이렇게 하면 되겠지'라는 생각으로 입시를 준비하니 합격률이 높아질 수가 없지요.

[학생부 종합 전형의 핵심 지표 4가지]

학업 역량	발전가능성
학업 성취 학업 태도 교과 연계 활동 등	다양한 경험 과목 간 협업 능력 자기주도성 등
계열적합성	인성
관련 교과목 성취 계열에 대한 이해 계열 관련 활동 등	가치관과 공동체 의식 미래 비전 갈등 관리/나눔/협력 등

위의 4가지 요소는 '수시 학생부 종합 전형'을 평가할 때 각 대학

들이 주로 사용하는 4개 항목입니다.

수시 학생부 종합 전형을 준비하는 학생들은 무작정 "내신이 좋고 학생부 장수가 많으면 되지 않아요?"라며 학생부의 양을 늘리는데 집중해서, "저는 학생부가 22장이고, 제 친구는 17장 밖에 안 된다는데 저는 떨어지고 걔는 붙었어요! 이거 너무 불공평한 거 아니에요?"라고 말하는 경우도 있습니다.

학생부는 양보다 내용이 중요하고, 그 내용에 대학의 평가 항목에서 골고루 좋은 점수를 받도록 기록이 되었는지가 중요합니다. 하지만 다수의 아이와 부모는 애초에 대학이 어떤 학생을 뽑고자 하는지에 대한 관심이 없으니 매년 반복되는 현상입니다. 물론 합격을 100퍼센트 보장할 수는 없지만 학생부 종합 전형은 언론이 말하는 것처럼 그렇게 '깜깜이' 전형은 아닙니다. 대학이 내세우는 평가 항목을 살피고 각 항목에서 모자람 없이 평가받을 수 있도록 기록을 관리하고 준비하면 헛심을 쓰지 않을 수 있습니다.

(1) 학업 역량

학업 역량은 말 그대로 아이의 기초 학습 능력을 보겠다는 말입니다. 주요 대학 중 학업 역량을 살피지 않는 대학은 없을 정도입니다. 아이가 수시를 준비한다면 1순위로 챙겨야 하는 부분입니다. 하지만 이것을 오해하는 학생도 많습니다.

　수시 학생부 종합 전형에서 판단하는 학업 역량은 단순히 '내신 교과 등급'만을 살피겠다는 뜻이 아닙니다. 내신 등급은 물론 원점수, 학교의 평균, 표준편차까지 살펴서 학교의 수준을 확인합니다. 그리고 각 과목 선생님들이 학기가 끝나고 적어 주는 '세부능력 및 특기사항' 등을 통해서 숫자로는 알 수 없는 학생의 학업 태도와 심화 탐구 역량, 교과 연계 학습 활동 등을 두루 살펴 점수를 매깁니다. 내신 등급이 아쉽더라도 해당 학교의 수준이 높다고 판단되거나 선생님들의 코멘트가 좋을 경우 어느 정도 정상 참작의 여지가 주어지는 이유가 바로 여기에 있습니다.

(2) 발전가능성

　대학이 발전가능성을 보는 이유는 '고등학교 때가 최정상인 아이'보다 '대학에서 배운 뒤 더 성장할 수 있는 여력이 있는 아이'를 선호하기 때문입니다. 따라서 단순히 학습만 성실히 한 아이보다는 독서, 봉사, 다양한 동아리 활동, 다양한 주제의 탐구 활동, 창의적인 문제 해결력이 있는 아이를 살피고자 합니다. 공부만 잘하는 아이보다는 공부는 조금 덜 해도 다방면에 관심이 많거나 앞으로 발전이 기대되면 좋은 평가를 받습니다.

(3) 계열적합성

다른 말로 '전공적합성'이라고도 합니다. 아직 고등학교 테두리 안에서 생활하는 아이들이기 때문에 이것은 그리 중요하게 생각하지 않는 대학들도 있습니다만, 한쪽에서는 여전히 중요한 지표로 쓰입니다.

계열적합성은 스스로 지원하고자 하는 학과 전공에 대해서 정확히 알고 있는지, 알고 있다면 평소에 해당 전공에 대한 관심도는 어땠는지를 보여 주는 것이 핵심입니다.

프로그래머를 꿈꾸는 아이라면 공동교육 과정 등을 통해 〈프로그래밍〉이나 〈인공지능 수학〉등의 교과를 과감하게 선택하여 이수함으로서 관심을 보여 줄 수 있습니다. 직접 컴퓨터 언어를 배우거나 관련 학습을 하지 않더라도 수학 공부를 하며 알고리즘에 대해 추가로 학습하거나 관심 있는 소프트웨어에 대한 보고서를 작성하여 발표함으로 전공에 대한 열의를 드러내기도 하지요.

(4) 인성

가장 오해가 많은 항목입니다. 인성을 '선과 악'의 개념으로 보면 안 됩니다. 물론 악한 사람보다야 선한 사람이면 좋겠지만 너무나 당연한 말이니 더 언급하지는 않겠습니다.

대학이 보고자 하는 부분은 단순히 '얼마나 착한 학생인지'가 아 닙니다. 공동체에 해가 되지 않을 가치관을 가지고 있는지, 인격적 인 성숙도는 어떠한지, 스트레스가 생기면 금방 포기할 학생인지, 갈등이 생겼을 때 어떤 해결책을 선호하는지 등을 봅니다. '인성'이 라기보다는 '마음가짐'이나 '가치관'이라고 쓰는 것이 오해가 더 적 지 않았을까 생각이 들기도 합니다.

이렇듯 학생부 종합 전형은 단순히 내신의 높고 낮음으로 결정 되는 전형이 아닙니다. 아이들을 '종합적으로' 판단하겠다는 말이 결코 허언은 아니라는 점, 이해가 되나요?

학생부 종합 전형은 준비하기가 더욱 까다롭기 때문에 일찍부터 계획을 가지고 준비해야만 합니다. 고등학교 3학년이 되어 급하게 '내신은 맞춰 놨으니 면접 준비만 하면 되지 않을까?'라는 가벼운 마음으로는 서류 탈락의 고배가 기다리고 있을지도 모릅니다.

남의 꿈으로는
대학에 갈 수는 없다

●

    초등학생, 중학생 부모들의 가장 큰 관심사는 역시 고교학점제입니다. 그런데 고교학점제가 2009년생부터 시작된다고 해서 2008년생을 포함한 고학년들과 그 부모들이 바뀐 입시를 몰라도 된다는 뜻은 아닙니다.

[고교학점제 연구 학교, 선구 학교 증가 비율(일반계 기준)]

앞의 표에서 볼 수 있는 것처럼 고교학점제 연구 및 선도 학교가 매년 시간이 흐를수록 매우 큰 폭으로 증가하고 있습니다. 2003년생 학생들이 고등학교에 입학할 당시에는 전국 고등학교 중 고작 6퍼센트 정도의 학교만이 고교학점제 연구 학교, 선도 학교로 지정되어 새로운 교육 과정을 미리 겪어보는 기회를 가졌지요.

하지만 고작해야 6퍼센트였던 비율은 불과 3년이 지나 2006년생 아이들이 고등학교를 입학할 때는 84퍼센트로 무려 열네 배가 증가합니다. 2007년생은 95퍼센트, 2008년생은 마침내 전국의 모든 학교에서 고교학점제를 대비한 커리큘럼을 시행하지요. 고교학점제 완전 시행 전인 학년이라도 고교학점제 대한 공부가 필요한 이유입니다.

교육 변화의 중심, 고교학점제

고교학점제 연구 학교와 선도 학교는 일반 학교와 다른 큰 커리큘럼의 특징이 있습니다. 바로, 아이들이 직접 과목을 선택하고, 공동교육 과정과 주문형 강좌, 지역 기관 연계 강의 등을 통해 학교 밖 수업으로도 듣고 싶은 과목을 이수할 수 있다는 것입니다.

실제 현재 고교학점제 연구 학교, 선도 학교에 다니고 있는 학생들은 방과 후에 인근의 다른 학교로 이동해서 여러 학교 학생들과 함께 '프로그래밍'이나 '심리학'과 같은 심화 수업을 듣고 있습니다. 혹은 시 교육청 혹은 도 교육청에서 마련한 온라인 공동교육 과정을 신청한 뒤, 지역적 한계를 뛰어 넘어 쌍방향으로 심화 수업을 받고 과제도 하고 시험도 치르는 등, 정규 교과와 동일한 학습이 이루어지는 중입니다.

이미 우리 아이들은 변화의 중심에 있습니다. 학교의 한계는 물론 지역적 한계도 극복하기 위한 프로그램들이 마련된 만큼 자신이 공부하고 싶은 분야와 목표가 분명한 아이들은 기쁜 마음으로 시간표를 짜고 의욕적으로 수업을 받을 준비를 하지요. 하지만 언제나 문제는 술에 술 탄 듯, 물에 물 탄 듯 흘러가는 대로 명확한 목표 없이 표류하는 아주 보통의 아이들입니다. 겨우 고등학교 1학년, 열일곱 살 아이가 진로를 찾거나 공부하고 싶은 분야를 결정하기는 너무 빠를지도 모릅니다. 그렇기에 많은 아이가 자신의 시간표를 주도적으로 선택하기보다는 인터넷에 '어떤 과목을 듣는 게 좋은가요?'라고 묻거나 또는 공부를 잘하거나 친한 친구가 듣는 과목을 아무 이유 없이 따라 수강하는 일이 벌어지지요. 친구의 꿈에 자신의 미래를 의탁하는 것입니다.

교육부는 말합니다. 고교학점제는 학생 스스로가 '자신에게 필요한 수업을 스스로 선택하고 자신의 진로를 개척해 나가는 것이 핵심'이라고 말이지요. '수동적 존재'에서 '자기 주도적 존재'가 되기를 강조하기도 합니다.

대학 역시 이러한 교육부의 입장에 발맞추고 있습니다. 이미 서울대는 학생들의 목표 학과별 권장 이수 과목을 발표하며 고교학점제 본격 시행 전부터 진로에 맞춘 과목 선택의 중요성을 강조합니다. 따라서 친구를 따라 강남 가듯 아이의 미래, 아이 진로와는 관계없는 공부를 시킨다거나, 인터넷에 누군지도 모르는 사람의 답변을 철석같이 믿고 시간표를 결정하는 일은 입시를 넘어 성인이 될 우리 아이들의 첫 시작을 남에게 맡겨 버리는 꼴이라는 사실, 명심해야 합니다.

더 알아보기
공동교육 과정

'공동교육 과정'이란 한 학교만으로는 수강생을 충분히 모집하기 어려운 과목을 주변 여러 학교들이 공동으로 개설하여 운영하는 새로운 교육 과정입니다. 고교학점제 연구 및 선도 학교들이 활발하게 진행 중이지요. 주로 심화 과목들이 개설됩니다. 방과 후 시간을 이용해 수업하고, 정규 과목과 동일하게 학생부에 기록되기 때문에 중도 포기는 불가능합니다.

필수로 선택하지 않아도 되는 과정이라서 공동교육 과정에 대한 이해가 미흡한 경우, 일반 '보충 학습'으로 착각해 놓치는 경우도 많습니다. 하지만 잘 이용하면 아이의 학교에는 개설이 안 되어 아쉬웠던 과목을 추가로 이수해 내실 있는 학생부를 만드는 데 도움받을 수 있습니다.

오프라인 공동교육 과정뿐만 아니라 온라인 공동교육 과정도 각 시도 교육청에서 운영하기 때문에 비교적 교육열이 약한 지역이라 할지라도 너무 걱정할 필요는 없습니다.

우선, 아이와 함께 희망하는 진로나 관심 있는 분야에 대한 이야기를 나눈 뒤 아래 순서로 자유롭게 이야기를 나눠 보세요.

(1) 내(아이) 꿈은 무엇인가요?
(2) 내(아이)가 관심 있는 분야는 무엇인지 점검해 보세요.

자연과학	공학	보건/의학	스포츠/예술	인문학
사회과학	역사	교육	경제/경영	기타

(3) 아래 내용은 2021년 경기도 A지역 공동교육 과정에 개설되었던 교과목입니다. 해당 교과목들은 무엇을 배우는 과목인지 유추해 보고, 어떤 과목을 들으면 좋을지 생각해 봅시다.

1. 오프라인 공동교육 과정 - 지역 공동교육 과정

A고		B고		C고
프로그래밍	체육전공 실기 심화	아동생활 지도	제품 3D 모델링	국제 경제
D고		E고		F고
영상제작의 이해	아투이노	컴퓨터 네트워크	3D 프린터용 제품제작	시각 디자인

2. 온라인 공동교육 과정 – 지역별 차이 있음

과학과제연구	여행지리
교육학	연극의 이해
국제 관계와 국제기구	인공지능 기초
국제법	인공지능 수학
국제 정치	일본어회화 I
기업과 경영	중국어회화 I
보건	정보과학
사회문제 탐구	창의 경영
실용 경제	철학
실용 영어	체육지도법
심리학	프로그래밍
심화영어회화 I	

오프라인 공동교육 과정	온라인 공동교육 과정

조별 과제 무임승차는
낭떠러지 하이패스

●

학교가 변하고 바뀌는 교육의 흐름은 이제 충분히 이해했으리라고 생각합니다. 그렇다면 좀 더 자세하게 학교 안에서 우리 아이들이 실제로 하는 수많은 활동 중 입시의 핵심 '프로젝트 활동'에 대해 알아 보겠습니다.

프로젝트 활동은 학교에 따라서 '자유 주제 발표 활동', '주제 탐구 수업' 등으로 명칭은 모두 다르지만 내용을 살펴보면 모두 같은 활동입니다.

[프로젝트 활동의 특징]

- 주제는 학생들이 자유롭게 정한다.
- 형식도 PPT나 보고서 등 기본적인 형태를 제외하면 자유롭다.
- 주제를 잘 드러내기 위해 실험, 연구, 설문, 독서 등 다양한 연계 활동이 필요하다.
- 활동의 결과물이 존재한다.
- 주로 팀 과제로 이루어지나, 개별 과제로 주어지는 경우도 있다.

위의 프로젝트 활동의 특징을 대학의 조별 과제와 비슷하다고 생각했다면 본질을 잘 이해한 것입니다. 동시에 "아니, 대학생들도 힘들어하는 활동을 고등학생들더러 하라고?" 하는 불만도 충분히 공감합니다.

하지만 요즘은 초등학생, 중학생들도 조별 과제로 발표 자료를 만들고 대표로 한 사람이 프레젠테이션을 하는 등의 활동을 많이 합니다. 경험치가 웬만한 어른들보다 높은 경우도 많습니다.

원맨쇼가 되어 가는
조별 과제

그렇지만 조별 과제의 고질적인 문제는 아이들에게도 발견됩니다. 바로, '하는 사람만 한다'라는 불변의 법칙이지요. 오히려 아이들에게서는 더욱 심하게 나타납니다. 성적에 관심이 높은 아이들만 열심히 참여해서 자료를 찾고 정리하고 결과물을 만들고 발표까지 '혼자서 다 하는 원맨쇼'를 하는 현실이니까요. 종종거리며 사방팔방 바쁘게 움직이는 아이를 옆에서 지켜 본 경험이 있는 부모는 불만이 생깁니다. 입시에 도움이 된다고 하니 아이에게 하지 말라고 할 수도 없는 노릇이고요.

게다가 고등학교에서 이뤄지는 프로젝트 활동은 특정 과목에만 하는 활동이 아닙니다. 동아리, 수학, 과학, 영어, 진로 시간 등 다양한 수업에서 동시다발적으로 할 때가 많습니다. 그런데 모든 아이가 참여하지 않아도 눈에 안 띄는 경우가 대다수입니다.

당연히 무임승차하는 아이도 많습니다. 굳이 하지 않아도 선생님에게 혼나지 않고, 성적에 포함이 되는 활동도 아니기 때문에 손을 떼는 아이들이 늘어납니다. 만약 아이가 혼자서 프로젝트 활동을 이끌면서 활동에 참석 안 하겠다는 친구들 때문에 스트레스를 받는다면 그럴 필요가 없다고 이야기해 주세요.

프로젝트 활동의 핵심은 '주제 선정'입니다. 주제는 당연히 내가 관심 있는 분야로 정해야겠지요? 프로젝트 활동을 하고자 하는 열정적인 아이라면 모두 자신의 진로나 희망 전공과 관련 있는 주제를 선택하고 싶어 합니다. 오히려 하고자 하는 의욕 있는 아이들이 많이 모인 팀의 의견 합치가 더욱 어려워지는 모순이 존재합니다.

초등 국영수 공부법

학원 수강생 민수도 프로젝트 활동을 혼자서 하느라 어려워했습니다.

"선생님, 그래도 제가 혼자 독박 써서 열심히 한 결과물을 같은 팀 애들이 공유하는 거잖아요. 진짜 아무것도 안 도와주고 저 혼자 밤새서 다 한 건데요."

민수가 억울해 할만도 하지요. 하지만 입시를 생각해 봅시다. 프로젝트 활동에서 좋은 주제로 활동했다면, 대학의 심사관들의 눈에 들 것이 자명합니다. 대부분의 수시 종합 전형에 있는 면접에서는 한 주제를 높고 심도 있는 생각을 해 봄직한 질문이 나옵니다.

[정치외교학과를 희망하는 민수의 프로젝트 활동보고서]

〈카탈루냐 독립 주장으로 본 분리주의〉

- 카탈루냐 독립 주장의 과정과 배경
- 지방의 독립 자치권, 가능한가?
- 분리주의의 역사적, 종교적 배경
- 전 세계 분리주의 사례
- 우리나라의 지방자치는?

앞의 주제와 목차는 정치외교학과로의 진학을 희망하는 민수가 세계사 자유주제 발표 수업을 위해 준비했던 내용을 일부 발췌한 것입니다. 선생님은 4명이 한 조를 이뤄 준비하라고 권했지만 민수 혼자 고군분투하며 자료를 만들었지요. 다행히 관심 있는 분야의 내용이었기 때문에 힘들었지만 즐겁게 공부하며 완성할 수 있었지요. 담당 선생님의 호평과 함께 학생부에도 훌륭한 기록으로 남았습니다.

훗날 면접에서 웃는 아이의 차이

활동을 주도한 민수뿐만 아니라 같은 조 친구들도 해당 주제로 팀 활동을 했다는 기록은 짧게나마 남았지만, 조 친구들이 면접에서 조별 과제에 대한 질문을 받았을 때 제대로 답변을 할 수 있었을까요? 실제로 민수는 면접 당시 '분리주의와 경제적 이권'에 대한 질문을 받았습니다. 하지만 무임승차한 다른 아이들은 면접관의 질문 의도조차 파악하지 못했을 가능성이 큽니다. 제대로 된 고등학교 프로젝트 활동은 이렇듯 수준이 꽤 높으니까요.

프로젝트 활동을 할 때 다른 친구가 내 몫까지 한다고 손뼉을 치며 좋아해서는 안 된다는 점을 이야기하고 싶었습니다. 당장은 해야 할 일이 없으니 마냥 편할지라도 훗날 면접관 앞에서 머릿속이 새하얀 백지장이 되는 경험을 할 필요는 없으니 말입니다. 조별 과제에서 친구 등에 올라타 희희낙락하는 아이는 사실은 낭떠러지로 가는 지름길로 간다는 사실을 기억해야 합니다.

근거 없이 우수한
아이는 없다

•

어느 청소년 기관에서 초등학생 자녀를 둔 부모에게 달라진 교육 환경과 입시에 대해 강의를 진행했을 때였습니다. 온라인 강의였음에도 처음 예상했던 인원에서 두 배로 늘려야 할 만큼 부모들의 관심이 높았습니다. 신청한 사람들 중 상당수가 이미 고교학점제 시행이나 문이과 통합형 수능, 외고와 국제고, 자사고 폐지 같은 굵직한 이슈를 들어 본 적이 있는, 자녀교육에 관심이 많은 부모였지요.

그런데 고교학점제 연구 학교의 아이들이 만든 포트폴리오를 일부 보여 주자, 부모들의 표정은 점차 굳었고 정적이 흘렀습니다.

〈영어에서 프랑스어의 흔적을 중심으로 문화 교류가 언어에 미친 영향에 관한 보고서〉

〈일조량이 스트레스에 미치는 영향을 토대로 한 교실 재배치 제안서-모형실험과 설문을 중심으로〉

〈육군 자대배치 난수를 활용한 MP3 랜덤 플레이 프로그래밍 결과서〉

〈일제강점기 일본 아동의 '조선침탈 보드게임'으로 본 놀이가 아동의 가치관에 미치는 영향〉

〈베블렌, 밴드웨건 효과를 활용한 매점 마케팅 전략 제안서〉

예시로 든 결과물들은 아이들이 자신의 진로와 관심사에 따라 동아리, 수행평가, 자율 활동, 공동교육 과정 등을 통해 완성한 실제 포트폴리오 주제들입니다. 아이들마다 이런 결과물을 3년에 하나가 아닌 매 학기, 여러 과목에서 동시에 진행합니다. 이 사실에 부모들은 충격을 받은 듯했습니다. 그러나 이런 활동은 실제 고교학점제를 시행하는 학교의 일부 모습일 뿐입니다.

"선생님, 이걸 진짜로 아이들이 해요? 명문 고등학교에 다니는 아이들이 아니라 일반고 학생들이 한 게 정말 맞아요?"

"이런 건 학원에서 도와주나요? 안 도와주면 이걸 애들이 무슨 수로 해요?"

"아, 제출이 의무는 아니에요? 근데 안 내는 애들은 그럼 대학 갈 때 손해 보지 않아요?"

교육 과정이 변했고 학교가 변하면서 아이들이 학교 안에서 수행해야 하는 과제도 변했습니다. 부모 세대가 학교에서 겪었던 수행평가나 숙제는 그저 문제집 몇 장 더 풀기, 노트 정리하기 또는 주관식 시험에 그쳤겠지요. 하지만 우리 아이들에게 수행평가나 과제는 그리 가볍게 이야기할 수 있는 문제는 아닙니다. 발표를 위해 아이들은 교과 시간에 배운 내용을 다시 정리하고, 필요하면 실험해서 결과를 도출하고, 책이나 기사, 학술지까지 찾아 보며 최종 결과물을 내놓습니다.

자, 이런 과정을 부모나 사교육 강사가 일일이 도와줄 수 있을까요? 그러기 어렵지요. 게다가 이런 자료 제출은 수행평가를 제외하고는 의무 제출 사항도 아닙니다. 필수로 제출해야 하지도 않지만 왜 이렇게 아이들은 힘들게 준비해서 결과물을 만들려 애를 쓸까요?

이런 과제물을 학교 선생님들이 요구하는 까닭은 아이러니하게도 학생들을 위해서입니다. 학생부 기록을 통해서 입시를 치르는 현재의 입시 체계에서 아이들의 관심사와 역량을 판단하기 위한 근거가 필요하니까요.

우등생의
기준이 바뀌었다

근거 자료 없이 무작정 '이 학생은 참 우수합니다'라고 적어 봐야 대학은 믿어 주지 않습니다. 그렇기 때문에 선생님들은 아이들이 이런 자료를 제출하고 발표한다면 그 내용을 잘 갈무리했다가 학생부의 '세부능력 및 특기사항' 등에 기록하는 것이지요.

이 기록을 통해서 대학들은 아이들의 진짜 학업 역량을 파악합니다. 대학은 내신 1등급이라고 하더라도 장담할 수 없었던 해당 학생의 논리력과 심화 학습 능력, 탐구심, 학업 의지와 열정, 과목과 계열에 대한 관심, 자기주도성 같은 능력을 모조리 확인할 수 있습니다.

실제로 이런 활동을 제대로 해 나가는 아이는 단순히 문제집 몇 권 더 많이 풀고 선행 몇 개월 더 한 아이가 아닙니다. 논리력, 이해력, 문해력, 사고력, 창의력을 꾸준하게 길러 온 아이들이지요. 때문에 바뀐 시대의 흐름에 맞는 '우등생'으로 자녀를 키우고자 하는 부모라면 우등생을 말하는 기준이 바뀌었다는 사실부터 생각해야 합니다.

[우등생을 보는 기준의 변화]

과거 우등생의 조건	현재 우등생의 조건
- 교과서, 참고서 내용을 빠르게 암기하거나 습득할 수 있다. - 시험에서 고득점을 유지한다. - 친구들과 여러 경험을 쌓기보다는 책상 앞에 혼자 앉아 공부하는 시간이 길다.	- 기초 학업 역량이 튼튼하고 과목별 기본 개념과 이론을 자유롭게 활용할 수 있다. - 시험뿐 아니라 다양한 활동에 참가한다. - 문제 해결을 위해 창의적 접근 방법과 과목 융합을 할 수 있다.

과거와 현재 학교에서 우등생으로 인정받는 아이들이 달라진 만큼 과목별 학습에 바른 이해와 정보의 업데이트가 필요합니다. 정작 날개를 달아야 할 아이가 고등학교 때 무너져 과거의 영광만을 기억하면 어떨까요? 이제 내 아이가 가짜 우등생이 되지 않도록 초등학교 때부터 반드시 길러야 할 과목별 핵심 기초 역량을 살펴봅시다.

초등 국영수 과목별 기초 역량

1. 국어 _ 다양한 글쓰기

책 읽기도 당연히 중요합니다만 그보다 글쓰기 경험을 쌓기를 더 강조하고 싶습니다. 글 쓰는 일은 단순히 국어 실력을 높이는 것에만 국한되는 능력이 아닙니다. 글쓰기는 분명한 목적을 가지고 자신의 감정을 드러내거나 남을 설득하거나 의견을 주장하는 행위입니다. 아이들은 글을 씀으로서 생각의 흐름을 정리하는 기회를 얻게 됩니다. 사고를 정립한다는 뜻은 배움을 소화한다는 것이고, 이는 문제집 풀기로는 결코 기를 수 없는 부분입니다.

동시에 입시에 있어 현실적인 도움을 줍니다. 요즘 초등학교부터 고등학교에 걸쳐 시행되는 학생 중심 수업의 결과물은 대다수가 글을 쓰면서 완성됩니다. 더불어 글쓰기는 뇌에 자극을 줍니다. 특히 수학, 물리학적 사고와 언어 및 기억 능력을 관장하는 두정엽과 측두엽이 활발하게 발달하는 7세부터 12세에 습관화하면 좋습니다.

2. 영어_ 문장 구성 이해

요즘은 '문법 공부는 구시대적'이라거나, '문법은 어려워서 영어를 더 싫어하게 만드는 것'이라고 생각해서 초등학생들에게 문법 교육을 점차 줄이는 것이 현실이지요.

하지만 영어는 모국어가 아닙니다. 특히 아이들은 우리말과 다른, 영어의 낯선 구조를 어려워합니다. 모국어가 아닌 영어의 구조는 당연히 익혀야 하지요. 영어를 싫어하는 아이에게 이유를 물으면 "단어가 들리기는 하는데, 무슨 말인지 모르겠어요"라고 대답하는 경우가 많습니다. 구조를 모르니 무슨 내용인지 파악을 못하지요.

초등학교 고학년이라면 적어도 문장의 구성을 배울 필요가 있습니다. 아이의 영어 점수에 관심이 있다면 문법을 무조건 기피하겠다는 생각은 넣어두셔도 좋습니다.

3. 수학 _ 조건과 구하고자 하는 값 찾기

초등학교 수준의 수학은 심화 문제가 아닌 이상, 문제에 주어진 숫자를 이리저리 조합하면 답이 나오는 경우가 많습니다. 그러다 보니 많은 아이들이 문제를 풀 때 무작정 '모두 뺐다가' 틀리면 다시 '모두 더했다가' 식으로 문제에 접근합니다. 이 버릇은 중학교, 고등학교로 계속해서 이어지기 쉽습니다. 아이에게 "어떻게 풀었니?"라고 물으면 "그냥 풀었어요"라는 대답이 나오거나 제대로 된 풀이 과정 없이 숫자 몇 개가 종이 위에 중구난방으로 펼쳐져 있다면 빨간 불이 켜진 상태입니다.

고학년이 될수록 수학 문제를 풀 수 있는지 아닌지를 구분하는 핵심은 문제에서 주어진 '조건'과 '구하고자 하는 값'이 무엇인지 정확하게 구분하는 능력입니다.

초등학교 때부터 두 가지 색 형광펜을 사용하여 조건과 구하는 값을 각각 색칠하게 하고 왜 출제자가 이런 조건을 두었는지 생각해 보는 연습이 필요합니다.

3장

"국어를 장악하는 역량이 핵심이다"

논리·문해력 국어 공부법

기막힌 '요즘 애들' 문해력

EBS 다큐멘터리를 시작으로 요즘 아이들의 문해력이 처참하다는 이야기가 유행처럼 번집니다. 서점에서 자녀교육 분야는 물론이고 교육 분야 유튜브 크리에이터들 역시 입을 모아 영상 세대의 문해력 저하를 우려합니다. 하지만 여전히 많은 부모들은 '우리 아이는 아닐 거야'라는 믿음을 가진 듯합니다.

부모들이 '남의 집 아이 이야기'처럼 심각성을 못 느끼는 이유는 문해력을 객관적으로 인식하기가 어렵기 때문입니다. '설마 우리 애가 그 정도로 심각할까?'라는 부정하고 싶은 심리도 한몫합니다.

책이나 방송에서 예로 드는 절망적인 상황과 예시들은 어디까지나 예외적인 상황이라서 소개되었다고 착각하기도 하지요. 그러나 진실은 더욱 잔인합니다.

문해력에 대한 잔인한 진실

"거기다 매운탕 한 술 하면 크으~!"

10대들이 즐겨 보는 웹툰에 나온 대사입니다. 주인공이 회를 먹고 나서 '매운탕이 필수'라는 뜻으로 내뱉은 말입니다. 해당 장면을 본 10대 독자들의 반응은 기성세대를 놀라게 하기 충분합니다.

"작가님, 친구들이랑 술 마시면 10만 원이라고 내기하지 않으셨어요?"라는 댓글이 달렸고, 이를 동의한다는 뜻으로 추천한 독자가 수백 명에 달해 베스트 댓글이 되었지요. '한 술 뜨다'의 '술'이라는 어휘를 알코올의 '술'이라고 생각한 독자들이 대다수였다는 사실을 방증하는 사건이었습니다.

그뿐이 아닙니다. 인기 포털 사이트 네이버에서 제공하는 '오늘의 웹소설'을 보면 더욱 당황스럽습니다. 이곳은 인기 소설을 무료로 볼 수 있어 주머니가 가벼운 청소년들이 즐겨 찾지요. 그런데 웹소설에 처음 접속한 어른이라면 백이면 백, 당황스러움을 감추지 못할지도 모릅니다.

"지금 몇 시야?"

"12시. 이제 곧 시작해."

웹소설은 대사마다 사람 얼굴이 하나씩 붙어 있습니다. 활자 세대인 부모가 볼 때는 읽기를 방해하는 요소입니다. 그럼에도 네이버가 요즘 아이들이 주로 보는 무료 웹소설에 수고스럽게 그림을 삽입하는지 이유가 짐작이 가나요?

이유는 요즘 아이들은 대사만 보고서는 대사하는 발화자가 누구인지 찾지를 못하기 때문입니다. 그러니 네이버에서는 일러스트 제작비가 추가됨에도 독자의 이해를 돕기 위해 대사마다 등장인물의 얼굴을 붙였겠지요. '요즘 애들'의 문해력은 생각보다 더 문제입니다.

주제 파악이 되어야
문제가 보인다

시험 기간에 벌어진 일이었습니다.

학원 자습실에서 아이들이 열심히 영어 단어를 외우고 있었습니다. 아이들이 서로 문제를 내며 단어를 잘 외웠는지 확인하기에 옆으로 가서 구경을 좀 했습니다. 그때, 'customs(세관, 稅關)'이라는 단어가 나오기에 별 생각 없이 질문을 툭 던졌지요.

"근데, 너희 세관이 뭔 줄 아니?"

순간 정적이 흘렀습니다. 아이들은 대답하지 못했습니다. 'customs', '세관', 'customs', '세관' 이렇게 여러 번 영어와 한글을 반복해서 쓰고 읽으며 외우면서도 정작 한글 뜻은 몰랐던 것입니다. 이러니 독해가 될 리가 없지요. 단어를 외워서 '세관의 허가를 받아~'라고 해석해도 무슨 뜻인지를 모르니 주제 파악이 불가능한 것입니다.

요즘 아이들의 어휘력, 문해력, 이해력이 동시에 떨어지고 있습니다. 많은 전문가들은 그렇기 때문에 '독서가 중요'하다고 강조하지만 제가 만난 아주 평범한 아이들은 이미 활자 읽기 자체가 노동이고 고통인 경우가 많았습니다. 아이들은 활자를 제대로 읽어 본 경험도 없었습니다. 그러니 책이 주는 즐거움도 당연히 알 리 없었습니다. 영상과 함께 자란 신인류에게 "지금부터 유튜브는 그만! 책 읽어, 책!"이라고 말해 봐야 아이들이 갑자기 책 예찬론자로 변모할 리 없겠지요.

우선 아이들에게 영상이 없어도 장면을 생생하게 떠올릴 수 있는 상상력을 키워 줘야 합니다. 가장 쉽게 시작할 수 있는 것은 바로, '라디오 듣기'입니다. 시각 자극에 길들여진 아이들에게 보이는 자극부터 먼저 제거하는 것이 중요합니다. 쉬운 것부터 시작해야 어려운 것도 할 수 있습니다.

더 알아보기

 # 우리 아이 문해력 수준 진단

초등학교 3학년 국어 교과서에 수록된 〈아씨방 일곱 동무〉 소설 속 문장에 등장하는 단어를 아이가 이해하는지 이야기해 봅시다.

---

(1) 자, 가위, 바늘, 실, **골무**, **인두**, 다리미가 있었어요.

골무 : 바느질할 때 바늘귀를 밀기 위하여 손가락에 끼는 도구
인두 : 바느질할 때 불에 달구어 천의 구김살을 눌러 펴거나 솔기를 꺾어 누르는 데 쓰는 기구

(2) 내가 없으면 **옷감**의 좁고, 넓음이 **가려질** 것 같아?

옷감 : 옷을 짓는 데 쓰는 천
가려지다 : 승패 따위가 구분되다

(3) **성미** 급한 가위 **색시**가 뛰쳐나가려는 걸 말렸습니다.

성미 : 성질, 마음씨, 비위, 버릇 따위를 통틀어 이르는 말
색시 : 갓 결혼한 여자나 아직 결혼하지 않은 젊은 여자

뜻을 잘못 알거나 몰랐던 단어	어떤 뜻으로 알고 있었나요?

한국 사람도
어려운 국어 과목

●

　수능 국어가 갈수록 어려워진다는 불안감으로 최근 학원가에서 국어 학원이 활황을 누리고 있습니다. 아이들의 낮은 문해력과 독해력 문제에 대한 위기감으로 오죽하면 대치동과 같은 교육 특구에서는 '수학보다도 국어가 먼저'라는 이야기마저 들립니다.

　이토록 국어에 민감하게 반응하는 부모는 대부분 상위권 자녀를 두었습니다. 1~2등급대의 상위권 아이들은 국어 학습량을 늘리거나 추가로 인터넷 강의를 결제해서 부족한 부분을 메우고자 열을 냅니다. 그에 반해 4등급 이하 아이들은 오히려 천하태평입니다.

　생각해 보면 국어 과목은 가만히 두어도 잘하는 상위권 아이들은 오히려 성적이 불안하다며 매일 국어를 빼먹지 않고 공부하는데, 국어 과목 점수가 중상위권인 아이들은 "한국 사람인데 그거 뭐 마음먹으면 못하겠어요?"라며 자신감이 넘칩니다. 국어 과목을 대하는 잘못된 마음가짐은 유서 깊은 전통처럼 느껴집니다.

[비학군지 J 여자중학교 국어, 수학 A, B등급 비율]

	A등급(90점 이상)	B등급(80점 이상)
국어	36.4퍼센트	27.3퍼센트
수학	46.2퍼센트	15.9퍼센트

[학군지 S 여자중학교 국어, 수학 A, B등급 비율]

	A등급(90점 이상)	B등급(80점 이상)
국어	23.4퍼센트	32.1퍼센트
수학	43.8퍼센트	19.0퍼센트

이런 현상은 학군지나 비학군지나 동일하게 나타납니다. 정도의 차이가 있을 뿐 아이들은 전반적으로 '국어'를 수학이나 영어에 비해 심각하게 생각하지 않습니다. 수학보다 낮은 등급표가 이를 단적으로 보여 주는 예입니다.

멘붕을 가져온
2022 국어 수능

정말 많은 아이들이 '국어 시험'과 '한국어를 할 줄 아는 것'을 같은 개념으로 두는 듯합니다. 심지어는 "한국말 할 줄 알면 됐지, 뭘 이렇게 꼬아서 내는지 모르겠어요"라고도 말합니다. 이런 말을 들을 때마다 "너 그 얘기 설마 밖에서 하고 다니는 건 아니지?"라며 국어 시험은 '한국어 구술 시험'이 아님을 알려 주고는 하지요. 하지만 다음 시험 때도 똑같은 말을 하는 아이를 보면 여전히 마음으로 와닿지는 않는 모양입니다.

상황이 이러하다 보니 국어가 어렵게 나온 2022 수능에서는 학생들의 점수가 폭락하기도 했고, 재수를 선택했던 학생들이 1교시만 치고 '멘붕'에 빠져, 다음 시험을 포기한 채 고사장을 빠져나오는 상황이 전국 각지에서 일어났습니다.

[2022 수능 1등급 점수 예상 범위]

1등급 원 점수 예상	82점 ~ 84점
2등급 원 점수 예상	76점 ~ 78점

실제로 2022 수능 국어 내신 등급 예상 커트라인 점수는 1등급

이 무려 80점대 초반이었습니다. 그렇게 국어는 1교시부터 아이들의 정신을 무너뜨린 주인공이 되었지요.

여기서 잠깐! 왜 수능 국어의 원 점수가 예상일까요? 2022 수능부터 수학 과목과 마찬가지로 국어 역시 '공통 과목+선택 과목' 조합으로 시험을 치르게 되었습니다. 그러나 어떤 선택 과목을 선택했는지와 관계없이 등급을 함께 산출해야 함으로 선택 과목별 난이도 차이를 보정한 값인 〈표준화 점수〉를 도입했지요. 이로 인해 원 점수가 같더라도 공통 과목에서 더 많이 틀렸느냐, 선택 과목에서 더 많이 틀렸느냐에 따라 표준화 점수가 달라지는 일이 벌어졌습니다. 즉, 원 점수로는 내 표준화 점수를 알기 어렵게 된 탓에 수능 성적표에도 원 점수는 기재되지 않고 보정된 점수와 등급만 표시한 것이지요. 이로 인해 등급별 원 점수는 추정치를 표시하게 된 것입니다.

더 알아보기

#수능 국어의 선택 과목

    수능 국어의 선택 과목은 〈화법과 작문〉과 〈언어와 매체〉, 두 가지로 나뉩니다. 화법과 작문은 줄여서 '화작'이라고 부르고, 언어와 매체는 줄여서 '언매'라고 흔히 이야기합니다.

[2022 수능 국어 중 〈화법과 작문〉 문항 예시]

40. 다음은 (가)에 참여한 학생들이 (나)에 대해 상호 평가한 내용이다. (가)와 (나)를 바탕으로 할 때, 평가한 내용으로 적절하지 <u>않은</u> 것은?

〈상호 평가 활동지〉

[잘한 점]
- 1문단: '활동1'에 언급된, 작품의 사회적 배경을 구체화 하여 이를 장 발장의 상황과 연결시킨 점 ·· ①
- 1문단: '활동 1'에 언급되지 않았던, 작품 제목에 대한 정보를 추가하여 문답의 방식으로 제목의 의미를 제시한 점 ··························· ②
- 2문단: '활동 1'에 언급된, 작가에 관한 내용을 활용하여 미리엘 주교의 행동이 지닌 한계를 제시한 점 ····································· ③
- 4문단: '활동 1'에 언급되지 않았던, 작품 서문의 내용을 추가하여 작품의 의미를 강조하며 마무리한 점 ··························· ④

[수정할 점]
- 3문단: 앞 문단과의 관계를 드러내는 담화 표지를 적절하게 사용하지 못한 점 ··· ⑤

〈화법과 작문〉은 '말하기'와 '쓰기' 영역을 다루는 과목입니다. 토론 등의 말하기 상황에서 올바른 것을 묻는 등의 문제가 출제됩니다.

[2022 수능 국어 중 〈언어와 매체〉 문항 예시]

36. 윗글을 바탕으로 〈보기〉에 대해 이해한 내용으로 적절한 것은?

ⓐ 나는 그저께 막내딸을 보름 만에 만났다.
ⓑ 바깥에 오래 있었더니 손발이 차가워졌다.
ⓒ 며칠째 밤낮이 바뀐 날이 계속되고 있다.
ⓓ 시간만 잡아먹는 일은 하지 말아야 한다.
ⓔ 가을이 되자 철새들이 남쪽으로 날아갔다.

① ⓐ의 '막내딸'은 그 의미를 어근들의 의미만으로 파악할 수 있으며, '딸'의 하의어가 아니므로 대등 합성어이겠군.
② ⓑ의 '손발'은 그 의미를 어근들의 의미만으로 파악할 수 있으며, '발'의 하의어이므로 종속 합성어이겠군.
③ ⓒ의 '밤낮'은 그 의미를 어근들의 의미만으로 파악하기 어려우므로 융합 합성어이겠군.
④ ⓓ의 '잡아먹는'은 그 의미를 어근들의 의미만으로 파악할 수 있고, '먹다'의 하의어가 아니므로 대등 합성어이겠군.
⑤ ⓔ의 '날아갔다'는 그 의미를 어근들의 의미만으로 파악할 수 있고, '가다'의 하의어이므로 종속 합성어이겠군.

〈언어와 매체〉는 주로 어법이나 문법, 그리고 다양한 매체에서 활용하는 국어 능력을 다룹니다. 특히 국문법 때문에 어려움을 느끼는 아이들이 많고 자연스럽게 수능에서도 선택한 학생이 화법과 작문에 비해 적습니다.

무엇이 국어를
어렵게 만들었나

●

"선생님, 저는 진짜 문학이 너무 어려워요. 공감이 정말 안 돼요. 애들이 〈진달래꽃〉이 슬프다는데 전 별로 안 슬프거든요. 어떡해 요?"

이과 성향이 강한 아이들은 종종 이런 어려움을 토로합니다. 문학 중에서도 특히 감정이 압축된 시만 보면 대체 무엇이 아름다운 지 또는 애처로운지 공감하기 어렵다고 말하지요. '문학 소년' 또는 '문학 소녀'라고 할 만한 문과 성향이 강한 아이들은 이과 친구들에 게 '이과 냄새 난다'며 놀려대기도 하고요.

국어 점수와 문학 감수성은
다른 문제다

"눈이 녹으면 뭐야?"라고 물었을 때 문과 성향의 아이는 "봄이 온다"라고 말하는데, 이과 성향의 아이는 "무슨 소리 하는 거야? 눈이 녹으면 물이지!"라고 말한다는 농담과 결이 같습니다. 문제는 이렇게 앓는 소리를 내는 이과 성향의 아이를 본 문과 성향의 아이는 자신도 모르게 '국어는 문과가 당연히 더 잘한다'라고 생각한다는 사실입니다.

부모도 마찬가지입니다. 이과 성향의 아이가 수학을 더 잘하니까 문과 성향의 아이가 국어를 더 잘한다고 믿어 의심치 않지요. 그런데 실상은 좀 다릅니다.

2022 수능부터는 문이과 통합 수능이 시행되면서 '문과', '이과'라는 단어는 역사 속으로 사라졌습니다. 따라서 문과, 이과가 구분되었던 앞선 2018, 2019 수능을 살펴보겠습니다.

서울교육연구 정보원에 따르면, 2018과 2019 수능에서 국어 1등급을 받은 아이들을 살펴보니 선입견과는 다르게 무려 60퍼센트가 이과생이었습니다. 2등급 역시 마찬가지입니다. 국어 2등급 역시 이과생의 비율이 더 높습니다.

[2018, 2019 수능 결과]

등급	2019 수능				2018 수능			
	이과(국가과)		문과(국나사)		이과(국가과)		문과(국나사)	
	인원	비율	인원	비율	인원	비율	인원	비율
1	14,789	59.8%	9,934	40.2%	16,222	62.5%	9,743	37.5%
2	18,122	53.7%	15,645	46.3%	20,300	54.1%	17,202	49.9%
합계	32,911	56.3%	25,579	43.7%	36,522	57.5%	26,945	42.5%

(자료: 서울교육연구정보원)

여기서 주의할 점이 있습니다. 2018과 2019 수능에서는 이과생
보다 문과생이 훨씬 더 많았다는 사실입니다. 2019 수능에서 이과
생은 약 17만 명에 불과했는데 그중에 약 1만 5,000명이 국어 1등
급을 받았습니다. 즉, 이과생의 약 9퍼센트가 수능 국어 1등급이었
다는 말이지요.

반대로 문과생은 무려 34만 명이나 되었는데 그중에 국어 1등급
을 받은 아이들은 고작 1만 명이었습니다. 문과생 중에서는 겨우
3퍼센트만이 1등급이었으니 문과, 이과 계열별로 나눠 보면 이과
아이들이 문과 아이들보다 무려 세 배나 국어를 잘했다는 뜻이 됩
니다. 도대체 왜 이런 일이 벌어졌을까요?

답은 간단합니다. 수능을 포함한 고학년들이 치르는 국어 시험은 문학 감수성을 평가하는 시험이 아니기 때문입니다. 대부분 이 점을 간과했지요.

다시 앞으로 돌아가서 말해 보겠습니다. 문과 성향의 아이들이 분명 이과 성향의 아이들보다는 문학 작품에 대한 이해도나 감상을 깊게 하는 경향이 강한 것은 맞습니다. 그러나 정작 시험 문제는 감수성 측면이 아닌 논리성이나 문장 이해, 주제 찾기처럼 다른 영역이 중요하다는 것이 핵심입니다.

질문을 하겠습니다. 여러분은 아이들의 문학적 감수성에 점수를 매길 수 있습니까? 감수성은 작품을 읽고 눈물을 빨리 흘리는 순으로 점수를 매길까요? 아니면 문장력이 좋은 아이들 순서대로 등수를 나눌까요? 당연히 그럴 수 없습니다.

문학적 감수성에 우위가 없고 그것을 수치화해서 아이들을 평가하고 비교할 수 없습니다. 그래서 수능 국어는 논란의 대상이 될 측면은 대체로 배제하고, 맞고 틀림이 비교적 확실한 비문학적인 요소를 강화할 수밖에 없지요.

초등 국영수 공부법

[2021 수능 국어 영역에서 가장 어려웠던 10개 문항]

번호	오답률	해당 지문
15번	80퍼센트	과학/기술 분야 비문학
11번	73퍼센트	사회/경제 분야 비문학
13번	72퍼센트	사회/경제 분야 비문학
8번	70퍼센트	인문/철학 분야 비문학
16번	69퍼센트	과학/기술 분야 비문학
41번	64퍼센트	언어와 매체 중 표현 방법
4번	64퍼센트	인문/철학 분야 비문학
38번	62퍼센트	언어와 매체 중 문장 성분
12번	62퍼센트	인문/철학 분야 비문학
23번	59퍼센트	문학 복합

위의 표는 2021 수능 국어 영역에서 수험생들이 가장 어려워했던 문항 10개를 순서대로 꼽은 것입니다. 가장 난이도가 높았던 15번 문항은 오답률이 무려 80퍼센트에 달합니다.

주의 깊게 보아야 할 것은 가장 어려웠던 문항 10개 중 문학 관련 문제는 단 한 문제에 불과했다는 점입니다. 따라서 국어 시험을 위한 학습에서 비문학 지문에 대한 이해와 분석이 가장 중요하다는 결론이 나지요.

간극은 초장에 잡는다

글을 분석적으로 잘 읽으려면 어떻게 해야 할까요? 매우 가슴 아픈 일이지만 고등학교에 진학한 후 독해 능력을 기르기에는 한계가 있습니다. 국어 공부에만 모든 시간을 쓸 수도 없는 노릇이니 한정된 시간과 노력을 들일 수밖에 없겠지요. 글을 읽고 이해함은 결국 '언어 능력' 자체이니 타고난 재능이 있지 않고서야 고작 몇 달을 바짝 공부한다고 해결하기는 쉽지 않습니다.

그래서 고리타분하지만 다시 독서가 중요해진 것입니다. 국어가 어려워진다는 사실은 문제 풀이 연습만으로는 불가능한 영역이 늘어난다는 말이고, 미리 준비해 온 아이들과 그렇지 않은 아이들의 간극이 더욱 넓게 벌어진다는 뜻입니다. 때문에 쉽지 않은 일이지만 아이의 글 읽기는 하루라도 빨리 시작해야 합니다.

어려서부터 책을 읽어 온 경험은 가장 중요한 순간에 빛을 봅니다. 단, 자녀에게 독서하는 습관을 길러줄 때 너무 문학에 치우친 편향적 독서보다는 다양한 분야의 글을 읽도록 안내해 주세요.

비문학에서
좋은 점수를 받는 법

●

고등학교 수능 국어가 점점 어려워지는 가운데 '비문학의 성벽'이라는 새로운 숙제를 확인한 부모들은 한숨부터 내쉽니다. 가뜩이나 아이가 준비할 것도, 공부할 것도 많은데 여기에 '비문학'이라는 짐이 하나 더 추가된 셈이니까요.

초등부터 시작하는
파악하는 읽기

문해력을 키우기 위해 먼저 아이가 '읽을 수 있는 것'과 '이해할 수 있는 것'을 구분해야 합니다. 한글로 쓰인 국어 지문을 읽지 못하는 아이는 없습니다. 그렇기 때문에 눈으로, 속으로 지문을 읽기는 하지요. 그렇다면 문해력이 있고, 없음의 차이는 무엇일까요?

문해력이 없는 아이는 단순히 활자를 따라 읽으며 소리만 낼 뿐이고, 문해력 있는 아이는 읽음과 동시에 내용을 이해하고 정리까지 한다는 차이입니다.

[2022 수능 국어에 출제된 비문학 지문 예시]

기축 통화는 국제 거래에 결제 수단으로 통용되고 환율 결정에 기준이 되는 통화다. 1960년대 트리핀 교수는 브레턴우즈 체제에서의 기축 통화인 달러화의 구조적 모순을 지적했다. 한 국가의 재화와 서비스의 수출입 간 차이인 경상 수지는 수입이 수출을 초과하면 적자이고, 수출이 수입을 초과하면 흑자다. 그는 "미국이 경상 수지 적자를 허용하지 않아 국제 유동성 공급이 중단되면 세계 경제는 크게 위축될 것"이라면서도 "적자 상태가 지속돼 달러화가 과잉 공급되면 준비 자산으로서의 신뢰도가 저하되고 고정 환율 제도도 붕괴될 것"이라고 말했다.

이러한 트리핀 딜레마는 국제 유동성 확보와 달러화의 신뢰도 간의 문제이다. 국제 유동성이란 국제적으로 보편적인 통용력을 갖는 지불 수단을 말하는데, ⓐ금 본위 체제에서는 금이 국제 유동성 역할을 했으며, 각 국가의 통화 가치는 정해진 양의 금의 가치에 고정되었다. 이에 국가 간 통화의 교환 비율인 환율은 자동적으로 결정되었다. 이후 ⓑ브레턴우즈 체제에서는 국제 유동성으로 달러화가 추가되어 '금 환 본위제'가 되었다. 1944년에 설립된 이 체제는 미국의 중앙은행에 '금 태환 조항'에 따라 금 1온스와 35달러를 언제나 맞교환해야 한다는 의무를 주었다. 다른 국가들은 달러화에 대한 자국 통화의 가치를 고정했고, 달러화로만 금을 매입할 수 있었다. 환율은 경상 수지의 구조적 불균형이 있는 예외적인 경우를 제외하면 ±1% 내에서 변동만을 허용했다. 이에 기축 통화인 달러화를 제외한 다른 통화들 간 환율인 교차 환율은 자동적으로 결정되었다.

1970년대 초에 미국은 경상 수지 적자가 누적되고 달러화가 과잉 공급되어 미국의 금 준비량이 급감했다. 이에 미국은 달러화의 금 태환 의무를 더 이상 감당할 수 없는 상황에 도달했다. 해결 방법은 달러화의 가치를 내리는 평가 절하, 또는 달러화에 대한 여타국 통화의 환율을 하락시켜 그 가치를 올리는 평가 절상이었다. 하지만 브레턴우즈 체제 하에서 달러화의 평가 절하는 규정상 불가능했고, 당시 대규모 대비 무역 흑자 상태였던 독일, 일본 등 주요국들은 평가 절상에 나서려고 하지 않았다.

이 상황이 유지되기 어려울 것이라는 전망으로 독일의 마르크화와 일본의 엔화에 대한 투기적 수요가 증가했고, 결국 환율의 변동 압력은 더욱 커질 수밖에 없었다. 이러한 상황에서 각국은 보유한 달러화를 대규모로 금으로 바꾸기를 원했다. 미국은 결국 1971년 달러화의 금 태환 정지를 선언한 닉슨 쇼크를 단행했고, 브레턴우즈 체제는 붕괴되었다.

그러나 붕괴 이후에도 달러화의 기축 통화 역할은 계속되었다. 그 이유로 규모의 경제를 생각할 수 있다. 세계의 모든 국가에서 ⓒ어떠한 기축 통화도 없이 각기 다른 통화가 사용되는 경우 두 국가를 짝짓는 경우의 수만큼 환율의 가짓수가 생긴다. 그러나 하나의 기축 통화를 중심으로 외환 거래를 하면 비용을 절감하고 규모의 경제를 달성할 수 있다.

초등 국영수 공부법

앞의 지문은 2022 수능에서 출제된 실제 비문학 지문 1개의 길이입니다. 아이들은 이러한 지문이 10개 이상 포함된 45개의 문제를 80분 동안 풀어야 합니다. 단순 계산으로도 한 문제를 푸는 데 주어지는 시간이 채 2분도 되지 않습니다. 따라서 아이들에게 지문을 읽음과 동시에 이해하는 능력이 필요하지요.

글을 읽고 난 뒤 다시 뜻을 이해하기에는 고등학생들에게 주어진 시험 시간은 너무나 짧고 읽어야 하는 지문의 양은 지나치게 많아서 시간 부족이라는 고질병에 시달리는 아이가 많습니다.

"선생님, 시간이 부족해서 지문 2개를 통째로 날렸어요"라고 말하는 아이는 지문 2개에 포함된 5~6문제를 보지도 못한 상태이므로 당연히 좋은 성적은 기대할 수 없겠지요. 고등학교에 가서 독해 능력을 기르고 시간 부족을 해결하기는 어려운 일이기 때문에 제시되는 문장의 길이가 짧고 전체 지문의 난이도가 높지 않은 초등학교 때부터 연습이 필요합니다.

우선, 아이에게 문장 또는 문단별로 끊어서 읽는 연습부터 시켜 보세요. 아이가 눈으로 글을 읽은 뒤 바로 책에서 눈을 떼면, 해당 글이 말하고자 하는 주제가 무엇인지 물어 보세요. 주제를 생각해 보기만 해도 아이들의 독해력과 문해력은 급속히 성장합니다.

또 문장 사이의 접속사에 주목하는 연습도 함께하면 좋습니다. 특히 비문학 지문은 문학 작품과는 달라서 문장 구조를 파악하는 것만으로도 문제에 대한 많은 힌트를 얻을 수 있는데다가 글의 흐름을 이해하는 데 도움을 받습니다.

편향된 독서는
편향된 배경지식을 쌓을 뿐

무엇보다 다양한 분야의 독서는 필수입니다. 아이든 어른이든 자신이 좋아하는 분야나 장르에 몰두하기는 쉽지요. 게다가 아이가 평소 읽지 않던 책을 가까이하면 부모는 우리 아이가 책을 읽는다는 사실 자체에 이미 감격하여 편향된 독서 습관이 베이는지 미처 확인하지 못하지요. 물론 아예 책을 멀리하는 아이보다는 편향된 독서라도 꾸준히 읽으면 무조건 좋습니다만, 초등학교 때는 이왕이면 다양한 독서를 할 수 있도록 안내해 주시는 편이 좋습니다.

초등학생 이하 저학년 아이들은 아직 관심사가 명확하지 않으니, 독서를 통해 배경지식을 넓혀주고 좀 더 다양한 시선으로 볼 수 있는 기초를 쌓는다고 생각하면 더 좋습니다.

요즘은 독서 기록을 남기는 아이들이 많은데, 여기에 '분야'만 추가해 주시면 됩니다. 만약 분야를 어떻게 나눠야 할지 고민이라면 인터넷 서점들이 책을 어떻게 분류하고 있는지를 아이와 살펴보시면 좋은 힌트가 됩니다.

글쓰기로 어느 대학을
갈지 갈린다

●

읽기 능력뿐 아니라 국어 기초 역량 중 '쓰기 능력'은 둘째가라면 서러운 입시의 감초이지요. 어쩌면 가장 중요한 요소일지도 모릅니다.

아주 기본적인 이야기부터 시작해 봅시다. 수시 학생부 종합 전형은 학생부라는 서류가 100퍼센트에 가까운 비중을 차지합니다. 즉, 학생부에 고등학교 3년 동안 활동을 잘 정리된 채로 기록되어야만 합격에 더 가까워질 수 있습니다. 그러면 학생부는 누가 기록을 할까요? 바로, 교사입니다.

학생부는 학생도, 학부모도 접근할 수 없습니다. 당연히 사교육 강사들도 접근할 수 없지요. 오직 교사 고유의 권한입니다. 외부에서 학생부 기록에 관여하려는 시도가 늘어나자 교육청에서는 학기, 또는 학년이 끝나기 전까지는 아예 아이와 부모가 학생부를 인쇄하더라도 대다수가 공란으로 비도록 조치했습니다.

학생부를 이루는 대표적인 요소는 동아리, 진로활동, 자율활동(반에서 일어난 모든 활동을 기록 가능), 과목별 세부 능력 및 특기사항(과목 선생님들의 코멘트), 행동 특성 및 종합 의견(담임 선생님의 코멘트) 등이 있습니다. 하지만 교사들은 너무 바쁜데다가 담당하는 아이들도 많아서 어떤 아이가 1년 동안 어떤 수업 시간에 어떤 발표를 했는지, 어떤 단원에 관심이 많았는지, 무엇을 배우고 느꼈는지, 무엇을 좋아하는지 일일이 기억하기가 사실상 불가능합니다.

기억할 수는 없는데 기록은 해야 하는 상황이지요. 기록을 잘 남겨야 나중에 아이들이 원하는 대학과 학과에 지원할 수 있으니 더욱 노력하겠지요. 보완 방편으로 많은 학교에서는 아이들에게 '활동 기록서'를 받고 있습니다. 내용은 학교마다, 교사마다 모두 다릅니다.

어떤 교사는 A4 용지 한 쪽짜리 활동 기록 양식을 주면서 한 학기(혹은 한 학년) 동안 있었던 특기 사항들을 적으라고 안내합니다. 그런가 하면 어떤 교사는 인터넷으로 작성할 수 있도록 설문 링크를 보내주기도 합니다. 어떤 교사는 기록할 것들이 있으면 참고할 테니 보고서 등의 결과물을 제출하라고 하고, 어떤 교사는 기록은 오로지 교사의 권한이라고 생각하기도 합니다.

어찌되었든 기록지를 받았다면 주의를 기울여야 합니다. 어디까지나 참고 사항으로 사용되지만 아이들의 포트폴리오를 일일이 다시 확인하기에 시간이 부족한 교사들은 아이들이 작성한 일종의 '요약본'을 토대로 학생부를 작성하기 때문입니다. 같은 학교 친구가 함께 프로젝트 연구를 진행했지만 활동 평가서를 어떻게 작성했느냐에 따라 학생부 상에서 기록의 차이가 생긴 사례가 있었습니다.

다음은 1년 동안 어느 학생이 참여한 학급 및 학교 활동, 대회 참여 수상 등의 자율 활동에 대한 기록지와 〈수학Ⅰ〉 교과 활동을 하며 아이가 느꼈던 것을 돌아보는 기록지입니다. 자신이 우선 느꼈던 것을 중심으로 정리하면서 수업을 어떻게 진행했는지 돌아보기도 하고, 스스로에 대한 평가도 내릴 수 있습니다.

[활동 기록지 예시]

자율활동 내용	학생의 담당 역할
예시	학급반장(2021.03.02~2021.08.19)으로서 리더십을 발휘하여 면학 분위기 조성, 청소 등의 학급활동에 급우들의 자율적인 참여를 이끌어내고, 급우들의 의견을 존중하여 학급 문제를 해결하며, 학급 전체와 인화를 위해 노력하고 매사 솔선수범함. 학생회 총무부장(2021.03.02~2021.08.19)으로 학생회의 주요활동을 기획하고, 학생회 행사의 원활한 진행을 위해 헌신적으로 활동함.
학급(학생회)임원으로 내가 한 역할 (2021.03.02~2021.08.19) ★ 학급회장선거를 위해 내가 한 일 ★ 1인 1역할 충실히 이행한 학생	
인상깊은 활동(자율활동) (아래 표 참고/3개 이내)	느낀점(기억에 남는 내용, 새롭게 알게 된 내용, 소감, 자신의 전공과 연결지을 수 있다면?)

⟨수학 Ⅰ⟩ 교과 활동 돌아보기

작성자	( )학년 ( )반 ( )번 이름: ( )	교사 확인	(인)

※ 수업(교육활동)시간 활동한 내용, 경험한 것들과 실제로 배우고 느꼈던 것을 기록 (구체적인 자신의 역할과 배우고 느낀 점 중심으로 기록)

1. ⟨수학Ⅰ⟩ 과목과 관련한 자신의 강점, 또는 학업 성취와 역량을 높이기 위해 노력했던 사례와 그로 인한 결과(과목 자체를 잘하기 위한 노력을 서술해도 되고, 이 과목의 특정 취약한 부분을 잘하기 위한 노력을 써도 됨.)
예) 계획과 실천, 질문, 토론, 멘토·멘티 활동, 오답정리, 과제연구, 독서활동 등

2. ⟨수학Ⅰ⟩ 과목과 관련된 과제나 수행평가를 잘 수행했던 사례(수업과제 및 수행평가 주제와 관련하여 잘한 사례 또는 노력한 점) 혹은 토론이나 질문, 발표에 적극적으로 참여했던 사례

3. 그 외 해당 과목과 관련하여 열심히 노력하고 관심을 기울인 활동 사례

[활동 기록지 결과 비교 예시]

소집단 공동연구에서 지역의 **대기오염으로 인한 경제적 손실**에 대해 조사, 발표함. 지역의 **문제점을 파악**하며 대기오염이 **얼마나 심각한지** 알게 되었고 해결책을 찾아보며 우리 나라의 **대기오염 해결책에 대해 알게 됨**.	소집단 공동연구에서 지역의 **대기오염으로 인한 경제적 손실**에 대해 조사, 발표함. 지역의 **미세먼지 저감 비용에 주목**하여 **통계청과 시청 공시자료**를 분석. 자료를 해석해 본 결과 설치비 지원에도 불구, 오염 수치 변화는 미비한 것을 알게 됨. 조사 끝에 대기 오염은 **특정 지역의 노력만으로는 개선이 힘들며**, 여러 지역의 일관성 있는 대책 마련이 필요하다는 것을 절감함.

다른 활동 기록지의 결과 예시를 볼까요? 동일한 주제로 함께 활동을 했음에도 요약 정리를 어떻게 했느냐에 따라 왼쪽은 실제 연구 내용은 확인할 길이 없는, 두루뭉술한 기록으로 끝이 났습니다. 그에 반해서 오른쪽은 공동 연구에서 자신이 맡은 일과 느낀점을 모두 드러내는 데 성공했습니다.

만약 여러분이라면 두 아이 중 어떤 학생을 더 우수하다고 평가하겠습니까? 아무리 훌륭한 주제를 잡고 우수한 내용으로 보고서를 만든다고 하더라도 요약을 어떻게 했느냐에 따라 노력이 물거품이 될 수도 있다는 사실, 잊지 마세요.

글쓰기 때문에
실패하지 않으려면

영상 세대인 요즘 10대 아이들은 직접 글을 써 본 경험이 별로 없습니다. 짧은 문장 안에서도 길을 잃는 것은 물론이고 자신이 글을 쓰는 목적이 무엇이고, 글을 쓰며 누구를 어떻게 설득할지 아무 계획도 없이 되는 대로 펜을 움직입니다.

그렇다 보니 당연히 본인이 쓴 글에서조차 주제가 무엇인지, 근거가 무엇인지 알 수 없지요. 심지어는 한 문장 안에서 처음에는 존댓말로 쓰다가 반말로 끝내는 아이도 있습니다. 공부를 잘하는 아이도 예외는 아닙니다.

문해력을 중심으로 독서의 중요성과 더불어 글쓰기가 입시의 행방을 가르는 주요 요인이 되고 있습니다. 하지만 고등학교 입학 전에 써 본 글이라고는 기껏해야 독서 감상문 정도가 전부였던 아이들이 많습니다. 선생님들도 당황스럽다 못해 아이들의 글쓰기를 보며 답답하다고 입을 모읍니다.

답답하기는 아이들도 마찬가지입니다. 몇 주, 심지어 몇 개월에 걸쳐 노력했음에도 논리적인 글 몇 줄을 제대로 쓰지 못해서 입시에서 정당한 대우를 받지 못합니다. 글쓰기가 제대로 되지 않는 아이들은 '원래 이런 건가?' 하며 멋쩍게 돌아섭니다. 단지 '글쓰기'를 못했다는 이유로 포기하기에는 너무 안타까운 상황이 계속 펼쳐지고 있습니다. 이것이 글쓰기 연습을 강조하는 이유입니다.

시기별 국어 공부의 목표

1. 유치원생 때

당장 한글 떼기보다 시급한 것이 있습니다. 바로 책을 보고 느낀 점을 구체적으로 표현하는 연습입니다. 표현력은 상상력과 직결됩니다. 말이나 글로 자신의 생각이나 감정을 풍부하게 표현하지 못하는 아이는 갈수록 상상력도 왜소해지기 마련입니다. 부모님과 함께 책을 읽으면서 이야기를 나누는 시간을 가지세요.

이때, 책의 지엽적인 내용을 잘 외우고 있는지만 물어서 아이의 흥미를 떨어뜨리면 안 됩니다. 내용의 흐름과 주요 사건만 잘 기억하고 이해한다면 충분합니다.

2. 초등학생 때

초등 국어 목표의 핵심은 '글이나 말을 정확하게 이해하고 비판적으로 사고할 수 있는 역량'을 기르는 일입니다. 단순히 세계 명작이나 고전을 잘 읽는다고 해서 목표를 잘 수행한다고 기대해서는 안 됩니다. 글이나 말을 정확하게 이해함은 화자의 감정에 공감하거나 주장과 근거를 구분하여 정리할 수 있다는 뜻입니다. 또한 비판적인 사고를 기른다는 것은 문학, 비문학을 망라한 다양한 글을 읽음으로서 논리적이고 체계적인 사고방식을 통해 무조건적인 수용을 지양하고 의견을 제시할 수 있는 능력을 말합니다.

만약 이 과정에서 필요하다면 어휘력이나 독해력을 키우기 위해 교재 및 교구의 도움을 받아도 좋습니다. 다만, 학교 단원평가 등의 시험을 위해 많은 문제집을 반복해서 풀게 함으로서 암기가 주가 되는 읽기 습관이 들지 않도록 주의해 주세요.

3. 중학생 때

점점 어휘 수준이 높아지고 지문의 길이도 초등학교 때와는 비교되지 않게 길어집니다. 다만, 중학교 시험의 특성상 외부 지문이 등장하는 경우는 많지 않기 때문에 교과서에 등장하는 문학, 비문학 작품을 중심으로 계속해서 깊이 있는 독해를 연습해야 합니다.

국어는 고등학교에서 본질적인 실력 상승을 크게 기대할 수 없는 과목이기 때문에 당장 눈앞의 중학교 시험 점수보다 독해 역량을 기를 수 있는 마지막 기회라는 위기감을 가지고 장기적인 안목으로 학업을 지속해야 합니다.

4. 고등학생 때

교과서 작품만 외워도 고득점을 기대할 수 있었던 중학교 때까지는 벼락치기로도 성적 유지가 가능했습니다. 그러나 고등학교에서는 기초 국어 역량에 따라 상위권과 중위권의 차이가 어마어마하게 커집니다.

학교 교과서나 부교재에도 없었던 지문들이 시험에 등장하기 때문에 독해, 이해, 분석력이라는 기초 역량을 기르지 못한 아이들이 상위권 아이를 따라잡기란 불가능에 가깝습니다. 미취학 아동일 때부터 전문가들이 '독서의 중요성'과 '사고의 중요성'을 그렇게 강조하는 이유가 바로, 이 시기를 위한 것입니다.

4장

"회화부터 시험 영어까지 올인원 영어"

세분화·통합 영어 공부법

시험 영어는
차원이 다르다

●

엄마표 영어 학습 시장은 점점 늘어나는 추세입니다. 처음에는 직접 아이를 가르쳤다는 엄마들의 성공담이 알음알음 퍼지면서 교재와 노하우를 공유했습니다. 그러다 지금은 일반적인 교재는 물론 개인표 교구, 엄마표 학습을 위한 엄마들의 그룹 학습부터 아예 자격증 과정까지 나왔지요.

엄마표 영어 학습이 전체 영어 학습에서 큰 시장을 형성하고 있습니다. 이러한 양상은 무엇을 말하는 것일까요? 단순히 홈스쿨링에 대한 수요가 커졌다고만 할 수 있을까요?

영어 100점을 위한
영어 공부의 차이

답을 내리기 전에 엄마표 영어 학습이 무엇인지 정의부터 내려보겠습니다. 엄마표 영어에 대한 정의는 제각각 다를 수 있으나 공통점을 요약한다면 '실용 영어 능력의 가정 내 학습'이라 말할 수 있습니다.

엄마표 영어의 본질은 실용 영어 능력 즉, 시험을 위한 영어가 아니라 읽고, 말하고, 쓰고, 듣는 4가지 언어의 기본 역량을 키우기 위해서지요. 이는 초등학교부터 수능까지 영어를 끊임없이 배웠으나 정작 외국인들이 영어로 말을 걸어 왔을 때 얼어붙어 입을 열지 못하는 엄마들의 후회에서부터 비롯되었다고 볼 수 있겠지요.

'우리 아이는 달랐으면 좋겠어.'
'영어로부터 정말로 자유로워지면 좋으련만….'

이런 마음으로 엄마들은 직접 공부해서 아이들을 가르치기로 결심하게 된 것이지요. 그런데 분명한 의도를 가지고 시작해서 제법 결과도 좋았던 자녀를 둔 엄마라도 결국 실용 영어 공부를 포기하는 시기가 옵니다.

바로, 중학교 입학을 앞둔 초등학교 고학년 때입니다. 아이들은 본격적으로 사춘기를 겪고, 주위에서 먼저 중학교를 보낸 엄마들은 '중등 영어는 확실히 차원이 다르다'며 겁을 줍니다.

초등학교 때는 꽤나 영어를 잘한다고 소문이 났던 옆집 정안이가 중학생이 된 뒤로 100점을 받았다는 소식이 들리지 않아서 괜히 마음이 급해지기도 하는 현실이지요. 자연스럽게 부모들은 실용 영어와 이별할 준비를 합니다.

'그래, 해리포터를 원서로 읽으면 뭐해. 중학교 가서 영어 시험 100점 받으려면 교과서 변형 문제를 외워야 한다는데… 그냥 학원 보내자. 다들 괜히 보내는 거겠어?'

지금껏 함께 공부했던 과정이 생각나 아쉽지만 중학교부터는 어쩔 수 없다고 스스로를 다독거립니다. 아이에게도 이제 학원을 가야 한다고 설득합니다. 하지만 정말로 어쩔 수 없는 것일까요?

계속 반복하는 말입니다만, 우리 아이들이 다니는 현재의 학교를 부모의 머릿속에 존재하는 20~30년 전 학교와 동일시해서는 안 됩니다. 해가 가면 갈수록 학교 현장에서는 단순 암기가 아닌 기초 역량이 중요하고도 시급한 문제로 떠오릅니다. 사고력, 논리력, 문해력처럼 생각하는 역량 말입니다.

교육부는 미래 사회에 필요한 인재의 5가지 능력으로 협력, 복합적 문제 해결 능력, 비판적 사고, 창의력, 의사소통 능력을 강조하고 나섰습니다. 부모들이 그렇게나 바뀌어야 한다고 한 목소리를 내었던 단순 암기 중심의 교육이 드디어 바뀐 것이지요.

영어 성적 평가 방식이
더 복잡해졌다

앞으로 아이들에게 필요한 영어 역량은 단어 하나, 어법 하나 더 외우는 것이 아니라 영어의 기본 4대 영역을 적절히 활용하여 사실을 검증하거나 문제를 해결하고 의견을 자유롭게 교환할 수 있는 역량입니다.

"그래도 선생님, 여전히 지필고사를 치르잖아요. 그러면 똑같이 객관식 시험이 중심 아닌가요?"

질문에 답하기 위해서는 먼저 중학교 시험을 이해해야 합니다.

[서울 모 중학교 3학년 1학기 성적 평가 방식]

	지필고사(60퍼센트)		수행평가(40퍼센트)	
차시	중간고사	기말고사	1차	2차
영역	선택형	선택형	듣기	쓰기
반영 비율	30퍼센트	30퍼센트	20퍼센트	20퍼센트
내용	교과서		일반적 주제에 관한 대화	우리나라 관광지를 소개하는 글쓰기

위의 자료는 실제 서울의 모 중학교에서 실시한 3학년 1학기 성적 평가 방식입니다. 중간고사와 기말고사로 불리는 '시험'이 차지하는 비율은 60퍼센트이고, 영역이 나뉘어서 치르는 수행평가가 전체의 40퍼센트를 차지합니다.

5지선다 객관식으로 치러지는 지필고사는 모르는 문제를 찍을 수 있지만 수행평가는 그마저도 불가능합니다. 수행평가는 공부하지 않으면 여지없이 아무런 점수를 받지 못합니다. 수행평가의 영역은 많은 부모들이 포기했던 '실용 영어 능력'입니다. 60퍼센트를 차지하는 지필고사도 물론 중요하지만 40퍼센트의 수행평가도 결코 그 중요도에서 밀리지 않습니다. 시험 영어를 위한 문법 및 어휘력 공부뿐만 아니라, 소통하기 위한 실용 영어 부분도 챙겨야 하는 것이지요.

이제 아이가 고학년이 되었다고 시험 영어와 실용 영어 중 반드시 하나는 포기해야 한다는 고정관념에서 탈피할 시간입니다.

더 알아보기

#우리 아이의 영어 수준 진단

우리 아이는 시험을 위한 영어 공부가 아닌 영어 실력 향상을 위한 영어 공부를 해 본 적이 있나요? 아래의 표에 써 보면서 지금 우리 아이의 영어 상태를 점검해 보세요.

(1) 시험 준비를 제외한 영어 말하기 경험은?	
(2) 시험 준비를 제외한 영어 작문 경험은?	
(3) 시험 준비를 제외한 영어 듣기 경험은?	
(4) 시험 준비를 제외한 원서 읽기 경험은?	

영어 발음은
정말 중요할까?

영어 교육에서 '발음이 유창한가?'의 문제는 언제나 논쟁의 대상이었습니다. 아직 시험에서 자유로운 미취학 시절부터 초등 저학년 시절에는 아이의 영어 실력에서 말하기 유창성이 가장 두드러집니다. 때문에 특히 아이의 발음에 신경 쓰는 부모들이 많습니다.

발음에 대한 저학년 부모들의 관심도를 보여 주는 척도는 역시 사교육입니다. 저학년을 대상으로 한 영어 프랜차이즈 학원이나 대형 어학원에서 '파닉스(소리 중심 교수법)'나 '발음 기호' 과정이 없는 곳을 찾기가 더 어려울 지경이니 말입니다.

영어 발음은 유창성 측면에서도 중요하겠지만 더 현실적인 이점

초등 국영수 공부법

이 있습니다. 단어를 정확하게 읽을 수 있는지, 네이티브에 가까운 소리를 낼 수 있는지를 차치하더라도 '영어를 잘 굴려서 말할 수 있는 아이'는 일단 소리를 내서 읽는 자체에 거리낌이 없다는 점이 부모들이 체크해야 할 훨씬 더 중요한 부분입니다.

사실 우리나라 교육 과정에서 외국어 발음은 크게 틀리지 않는다면 평가 근거가 되지 않습니다. 하지만 말하기 평가가 존재하고 수업의 참여도가 입시에서 중요해진 순간, 발음이 나쁜 아이는 주저하기 마련입니다.

또래에 비해 초라한 발음을 하는 자신을 보여 주기보다 차라리 수업 참여의 기회를 다른 친구에게 양보하겠다는 아이들은 한 반에도 셀 수 없이 많습니다. 내성적인 성향을 가졌거나 한창 사춘기를 지나는 중이거나 친구들과 비교당하는 것에 예민한 아이라면 더욱 그럴 가능성이 높습니다.

그렇기 때문에 무작정 '좋은 발음은 필요 없어. 그건 다 상술에 불과해. 뜻만 통하면 되지. 반기문 총장도 좋은 발음은 아니지만 UN 총장까지 했잖아'라는 말은 10대 아이들에 대한 이해가 부족하다고밖에 볼 수 없습니다.

또래 압력을 받는
아이의 스트레스

또래 압력을 아시나요? 사춘기를 겪고 있는 청소년들이 또래집단에서 받게 되는 사회적 압력(Pressure)을 뜻하며, 친구들로부터 주고받는 영향이 매우 크다는 의미입니다. 중학생, 고등학생들이 언뜻 합리적으로 보이는 '발음보다 내용이 훨씬 더 중요하다'라고 격려하는 어른들의 말을 듣지 않고 손 들고 발표하기를 꺼리는 이유를 보여 주지요.

또래 압력을 강하게 받는 아이들에게 닦달해 봐야 소용이 없습니다. 아이들에게는 자신들만의 세계가 존재하고 어른들은 이를 인정해야 합니다. '미성년', 즉 성인이 되지 못한 아이들이고 성인이 되려는 과도기를 겪는 아이들에게 계속 어른들의 잣대를 들이밀어서는 안 됩니다. 또래 압력을 극복할 수 있는 아이로 키우는 방법은 바로, 사회적 불안감이 낮은 아이로 성장할 수 있도록 돕는 것입니다. 사회적 불안이 낮은 아이는 '남의 눈치를 보느라 제 것을 찾아먹지 못하는 아이'가 되지 않습니다.

아동 발달 단계에서 사회적 불안이란 친구들 사이에서 자신의 위치와 관계, 수줍음처럼 감정을 통칭하는데 불안이 높은 아이들은 또래에서 튀지 않음으로 불안을 해소하려는 경향성을 갖습니

초등 국영수 공부법

다. '발음은 좋지 않지만 이 내용은 공부를 한 부분이라 충분히 내 의견을 말할 수 있어'라고 생각하는 아이와 '내 의견을 말할 수는 있지만 난 발음이 좋지 않으니까 발표를 하면 친구들이 웃을 거야' 라고 생각하는 아이가 본질적인 영어 실력에서 차이가 없음에도 현저히 다른 평가를 받을 수밖에 없습니다.

세분화된 영어 과목에
알맞은 전략

●

현재 고등학교에서 배우는 영어 교과목은 아래와 같이 세분화되었습니다.

[영어 교과목의 세분화]

영어	영어 I	영어 II	영어독해와 작문
영어 회화	실용 영어	영어권 문화	진로 영어
영미 문학 읽기	심화영어 I, II	심화 영어회화 I, II	심화 영어 독해 I, II
심화 영어 작문 I, II	현 고등학교에서 개설 가능한 영어 과목		

영어는 9등급 상대평가 과목과 3등급 성취 평가 과목으로 나뉩니다. 영어는 내신 과목을 선택할 때 성적 표기 방식도 선택의 기준점 중 하나로 삼는 것이 좋습니다.

수학도 마찬가지로 수능에서 지정된 과목이 있었기 때문에 이를 고려하는 것이 1순위라 성적 표기 방식은 내신 선택 과목 기준에서 조금 벗어나 있었습니다. 하지만 영어는 수능과는 크게 관계가 없기 때문에 표기 방식에 따라 내신 준비 난이도가 달라짐을 가장 우선적으로 고려해도 무방합니다.

- 9등급 평가 과목
〈영어〉, 〈영어 I〉, 〈영어 II〉, 〈영어독해와 작문〉, 〈영어 회화〉

- 진로선택 과목(3등급 성취 평가 과목)
〈실용 영어〉, 〈영어권 문화〉, 〈진로 영어〉, 〈영미문학 읽기〉

- 전문 교과(특목고에서는 9등급 평가, 일반고에서는 3등급 성취 평가)
〈심화영어〉, 〈심화영어 독해〉, 〈심화영어 작문〉

[영어 4개 영역 관련 필요 어휘 수]

성적 표기	과목 난이도	필요 어휘	관련 영역	주제
일반선택 (9등급)	영어 회화	1,500개	듣기+말하기	친숙하고 평이함
	영어 I	2,000개	전 영역	친숙하고 평이함
	영어독해와 작문	2,200개	읽기+쓰기	다양한 주제 다룸
	영어 II	2,500개	전 영역	다양한 주제 다룸
진로선택 (성취도)	실용 영어	2,000개	전 영역	실생활 중심 다양한 주제
	영어권 문화	2,200개	전 영역	생활양식, 풍습, 사고방식
	진로 영어	2,500개	전 영역	직업/진로에 관한 다양한 주제
	영미문학 읽기	3,000개	읽기+쓰기	문학 작품의 감상

다양한 교과목 중에서 전문 교과에 속하는 과목은 사실 일반고에서는 개설이 잘 되지 않기 때문에 일반선택 과목과 진로선택 과목까지 총 8개 과목과 관련된 영어 4개 영역에 관한 주제 및 필요 어휘 수를 정리했습니다.

다만, 이때 필요 어휘 수는 교육청 권고 사항이지 각 학교의 사정에 따라 난도는 달라질 수 있습니다. 반드시 해당 표의 기준이 모든 학교에 알맞지는 않다는 점도 참고해 주세요.

교과서 없는
영어 과목이 시험에?

영어 과목 중 〈영미문학 읽기〉를 주의해서 보길 바랍니다. 〈영미문학 읽기〉는 진로선택 과목이나 많은 학교에서 개설되는 인기 많은 교과목인데, 다른 과목과는 매우 두드러진 차별적 특징이 있습니다. 바로, 교과서가 없다는 점입니다. 교과서가 없는 과목이라니요!

"그럼 대체 뭘 어떻게 배운다는 거예요?"

과목 이름에 답이 있습니다. 〈영미문학 읽기〉는 말 그대로 '영미문학을 읽는 수업'을 지향합니다. 선생님이 아이들의 실력과 상황을 고려하여 원서를 택해 수업하는 과목이기에 따로 지정된 교과서를 만들지는 않지요.

아이들의 수준이 제법 높은 학교들은 실제로 영어 원서를 선택하여 학기 동안 수업을 진행하기도 하고, 경우에 따라서는 담당 선생님이 매 수업마다 프린트를 나눠 주며 공부하기도 합니다. 이렇게 낯선 수업 방식에도 굴하지 않고 별다른 어려움 없이 적응을 잘하는 아이들은 하나같이 '영어를 영어 그 자체로' 받아들일 줄 아는 아이들입니다. 어려서부터 원서를 읽은 경우도 있고, 중학교, 고등학교 때 독해 공부를 하며 읽기가 훈련된 경우도 있지요. 분명한 사실은 선생님이 외우라는 부분이나 시험 범위에 포함된 어휘만 죽어라 외운 아이들은 이런 새로운 수업에 적응하지 못하고 겉돈다는 것입니다.

학생들의 부담이 커졌다고 볼 수도 있겠지만 달리 생각해 보면 이제야 학교 교육이 제대로 작동한다고 생각하게 만드는 지점입니다.

영어 절대평가를 향한
잘못된 생각

•

수능 영어가 절대평가가 되었습니다. 주요 과목 중에서는 처음이지요? 그러다 보니 중학교 때까지는 영어를 1순위로 스케줄을 짜고 공부 계획을 세우던 집들도 아이가 고등학교에 입학한 뒤로는 영어를 3순위, 4순위로 미는 경우가 허다합니다.

어떤 집은 '우리 아이는 이미 수능 영어 1등급이 나오도록 준비를 끝냈다'고 자신합니다. 수능에서 영어가 절대평가가 되면서 9등급 체제였을 때보다 1등급 비율이 늘어난 것은 사실입니다. 하지만 여전히 많은 집 아이들의 영어 실력은 나아지지 않은 상태에서 그저 순위만 타 과목의 뒤로 밀어낸 것에 불과하지요.

[연도별 수능 영어 등급 점수와 비율]

등급	등급구분 점수	2019년 비율 (퍼센트)	2020년 비율 (퍼센트)	2021년 비율 (퍼센트)
1	90점	5.3	7.43	12.66
2	80점	14.3	16.25	16.48
3	70점	18.5	21.88	19.74
4	60점	20.9	18.48	18.56
5	50점	16.5	12.27	13.54
6	40점	10.7	9.21	8.98
7	30점	7.4	7.37	5.60
8	20점	4.6	5.24	3.44
9	20점 미만	1.7	1.87	0.99

원래 1등급 비율은 4퍼센트, 2등급은 7퍼센트(누적 11퍼센트)인데 절대평가가 실시되면서 90점 이상을 받아 수능 영어 1등급을 받은 학생은 2021년 대입까지는 점차 증가하는 추세였습니다. 하지만 그럼에도 여전히 80점 이상을 받아 2등급에 안착한 아이들은 기껏해야 30퍼센트도 안 되는 것이 보일 테지요.

절대평가가 시행되면서 영어 부담이 줄었다고 하는데, 여전히 열에 일곱 명 이상의 수험생은 80점도 받지 못합니다.

절대평가로도 못 잡는
영어 성적

2022년 대입은 불수능 여파로 1등급 비율이 6.25퍼센트로 2021년 대비 절반으로 줄어들었습니다. 이런 결과로 보아 결코 수능 영어를 쉽게 생각할 문제가 아니라는 것을 깨달아야 합니다.

또 하나, 많은 고등학생들이 영어는 절대평가라서 조금만 열심히 해도 원 점수가 높아져 등급이 오르리라 기대합니다. 절대평가는 학년이 지나도 난이도가 달라지지 않는다고 누가 언제부터 생각한 것일까요?

"선생님, 일단 영어 말고 다른 것부터 하려구요. 국어나 수학이 더 급해요."

"너, 국영수 다 3등급 아니었니?"

"그렇긴 한데요. 그래도 영어는 절대평가니까 나중에 해도 되잖아요."

"영어도 학년이 올라갈수록 지문 난이도가 높아지는 건 혹시 아니?"

"네? 영어도 난이도가 바뀌어요?"

아이들과 대화를 하다가 '아이고' 한숨이 나왔습니다. 꽤 많은 아이들이 영어나 국어의 난이도는 학년이 바뀌어도 계속 비슷하다고 착각했습니다.

[고등학교 1학년과 2학년의 영어 등급 비율의 차이]

	1등급(90점 이상)	2등급(80점 이상)	3등급(70점 이상)
1학년	7.37퍼센트	11.25퍼센트	13.56퍼센트
2학년	7.76퍼센트	12.13퍼센트	15.27퍼센트

위의 표는 2021년 11월에 시행한 경기도 교육청의 전국 학력평가(모의고사)의 영어 1~3등급 비율입니다. 1학년과 2학년의 각 등급 비율이 신기하리만큼 일정하지 않나요? 영어의 난이도가 달라지지 않았다면 분명 1학년에 비해 2학년 때 높은 등급을 받는 학생들이 늘어나야 하는데 그다지 유의미한 변화는 보이지 않음이 확인됩니다. 다른 학년, 즉 표본이 전혀 다른 집단이기 때문일까요?

똑같은 2004년생들이 1학년 11월에 쳤던 모의고사와 2학년이되어 11월에 치른 모의고사 결과를 비교해 봐도 여전히 결론은 동일합니다.

[2004년생의 1, 2학년 영어 등급 차이]

2004년생	1등급(90점 이상)	2등급(80점 이상)	3등급(70점 이상)
1학년이었을 때	6.76퍼센트	11.05퍼센트	14.49퍼센트
2학년이었을 때	7.76퍼센트	12.13퍼센트	15.27퍼센트

1학년에 비해서 2학년 때 등급이 오른 아이들은 고작해야 1퍼센트 남짓입니다. 전국의 수많은 아이들이 영어를 그렇게 쉽게 생각하면서 후순위로 미뤄두었지만 정작 성적이 오른 아이는 극소수에 불과했습니다.

2022 수능부터 EBS 직접 연계 안 됨
2021년부터 EBS 간접 연계 시작 (국어 비문학과 같음)
내신 스타일 학습이 아닌 기출 위주의 수능형 학습이 중요

게다가 2022 수능부터 EBS의 직접 출제가 폐지되었습니다. 이전까지는 수능 영어가 EBS의 직접 출제로 비슷한 지문과 주제, 어휘들이 등장했습니다. 고등학교 3학년이 되어 바짝 EBS 교재들로 공부하면 독해 능력 자체가 떨어지는 아이도 배경지식으로 인해 대충 뜻을 유추할 수도 있었는데 2021년도부터는 이마저도 불가

능해졌습니다. 즉, 내신 스타일로 특정 문제집을 중심으로 공부하던 학습에서 제대로 된 수능형 학습(기초 역량 강화 학습)으로 회귀가 핵심입니다. 쉽게 이야기하면 앞서 졸업한 선배들에 비해 공부하기가 더 어려워졌다고 받아들여야 하겠습니다.

수능 영어는 여전히 어렵습니다. 공부를 열심히 한다고 성적이 쉽게 변하지도 않습니다. 그러니 아이가 근거 없는 자신감을 보인다면 이제부터 겸손하게 공부하도록 지도해야겠습니다.

시기별 영어 공부의 목표

1. 유치원생 때

당장 알파벳을 읽지 못해도 괜찮고, 영어로 자유롭게 말하지 못해도 괜찮습니다. 문자에 관심을 가지는 시기는 아이들마다 다르고, 바른 영어 사용 환경을 만들어 준다면 입은 언젠가 열리기 마련이니까요. 따라서 이 시기에는 영어를 학습으로 받아들여 부정적 경험을 하지 않도록 신경 쓰는 것이 1순위입니다.

간혹 하루에 몇 시간 이상은 영어에 노출되어야 유창한 언어 구사가 가능하다는 말에 엄마와 아이가 모두 스트레스를 받는 경우가 있습니다. 꼭 영어를 모국어처럼 사용해야만 성공한 것이 아닙니다. 모국어처럼 말하지는 못해도 의사소통에 불편함이 없는 아이로 키우면 됩니다. 아이를 위해 시작한 영어 공부인데 아이의 감정이 뒷전이 되어서는 안 됩니다.

2. 초등학생 때

언어로서의 영어도 좋지만 학습으로서의 영어도 중요해지는 시기가 다가왔습니다. 이제는 단어의 스펠링도 정확하게 알아야 하고, 필요하다면 단어를 외울 필요도, 문법 정리를 할 필요도 있습니다. 어려서부터 꾸준하게 원서를 읽었던 아이는 수능, 모의고사 1등급을 초등학교 때도 받을 수 있다고 이야기하는 부모들도 있지만 꼭 그렇지는 않습니다. 초등학생 때 그 수준의 원서 읽기를 했다면 수능에서 필요한 어휘에 아직 도달하지 못했거나, 시간 부족을 경험할 수도 있기 때문입니다. 따라서 '초등학교 졸업 전까지 모의고사 1등급을 받겠어'라는 목표를 세우기보다는 시험 영어도 맛을 봐야겠다는 계획을 세우는 것이 올바른 방향입니다.

3. 중학생 때

여전히 많은 중학교 영어 시험은 교과서를 통째로 외워야 100점이 나오는 형태의 시험으로 변질되는 상황입니다. 그렇기 때문에 학교 시험 대비를 위해 교과 학원에 처음 보낸 부모들은 당황스러운 학습법(본문을 모두 외우게 하는 등)에 기함을 합니다.

다만, "설마 고등학교에 가도 이런 공부를 해야 하나요?"라는 물음에는 "아니오"라고 과감히 답해 드립니다. 중학교에서는 교과서 외에서 시험 문제를 내면 항의가 많아 어쩔 수 없는 이런 형태의 시험을 유지하는 곳이 많지만 고등학교에서는 외부 지문을 가져와 실질적인 언어 능력을 확인하는 형태로 다시 돌아오니 너무 걱정하지 않아도 괜찮습니다.

4. 고등학생 때

그동안 꾸준하게 갈고 닦아 온 영어 능력이 빛을 발할 때입니다. 내신 시험 등에서는 시험 영어(선생님이 강조한 문법적 측면이나 부교재에서 등장한 고급 어휘 등)를 누가 더 열심히, 꼼꼼하게 준비했느냐 역시 중요합니다.

다른 과목에 비해 유독 내신에서 학교마다 차이가 많습니다. 앞서 설명했듯 개설되는 과목도, 교과서도, 부교재도, 프린트 추가 자료도 모두 다르기 때문에 만약 학원의 도움을 받는다면 자녀가 다니는 학교 인원으로 구성된 반이 있는지 확인하는 편이 좋습니다.

5장

"개념과 적용이
수학의 답이다"

사고력 확장 수학 공부법

수학 공부의 첫 걸음,
문제집 분류하기

●

"나, 이번에 여행을 가려고 하거든. 대만은 가 봤는데, 어디로 가면 좋을지 추천 좀 해 줘."

이렇게 이야기하는 친구에게 '넌 어디에 가면 만족할 거야'라고 정확하게 말할 수 있는 사람이 몇이나 될까요? 설령 정보를 준다고 하더라도 추천한 여행지를 친구가 정말로 만족할 수 있을까요?

친구에게 알맞은 여행지를 찾아 주기 위해 평소 여행 스타일은 어떤지, 대만은 잘 맞았는지, 먹거리와 볼거리 중 무엇에 더 비중을 두는지, 같이 가는 사람은 누구이고 예산은 얼마이며 여행을 가는 계절은 어떤지 정도의 정보는 있어야 합니다. 질문하는 사람의 취향이나 정보를 최대한 많이 제공할수록 구체적이고 실질적인 답변을 할 수가 있으니까요.

아이 문제집을 추천할 때도 마찬가지입니다. 그런데 많은 부모들이 저에게 아이 문제집에 대해 질문할 때 아이의 상황을 파악할 수 있는 최소한의 정보도 제공하지 않는 경우가 많습니다.

"선생님, 저희 아이는 A라는 문제집을 풀었는데, 그다음 단계로는 뭘 해야 할까요? 문제집 추천 좀 해 주세요."

아이가 A라는 문제집을 풀었으니 그다음에는 아이에게 무엇이 좋겠는지 묻습니다. 하지만 정보 없이 추천한 문제집은 아이에게 그다지 도움이 되지 않을 확률이 높습니다. 제대로 된 추천을 하려면 적어도 아이가 푼 A라는 문제집의 정답률은 어느 정도나 되는지, 아이가 그 문제집을 몇 달에 걸쳐서 풀었는지, 틀린 문제를 제대로 고치고 넘어갔는지 아니면 그냥 해설지만 읽어 보고 넘어갔는지 정도는 미리 알아야 합니다.

그러기 위해서 우선되어야 할 일이 있습니다. 바로, 문제집을 분류하는 일입니다.

국어나 영어는 문제집을 유형별로 분류해서 선택하는 부모들이 많습니다. 단어가 부족한 아이라면 단어장이나 어휘 문제집을, 독해가 안 되는 아이라면 독해 문제집을, 문법이 부족한 아이라면 문법 문제집 등으로 삽니다. 문제집의 난이도를 고려하기 전에 아이에게 필요한 영역이 무엇인지 우선 생각하지요. 두루두루 약한 아이도 가장 시급하거나 또는 가장 빨리 완성할 수 있는 영역의 우선순위를 세우는 일이 당연하다고 이야기합니다. 듣기평가에서 매번 몇 문제를 놓치는 아이는 듣기 문제집을 구입하지 문법 문제집을 사지는 않는다는 것이지요.

그런데 수학은 다르게 생각합니다. 대개 수학은 문제집을 유형별로 구분하지 않습니다. 이론이 약한 아이에게 이론서를, 유형 연습이 안 된 아이에게 유형서를, 킬러 문제를 잡아야 하는 중상위권 아이에게 심화서를 사 줘야 합니다. 당연한 일처럼 보이지만 현실에서는 문제집을 유형 구분 없이 난이도만을 고려해서 구매합니다. 그러면 자연스럽게 아이의 약한 부분은 채워지지 않고 필요한 부분을 집중적으로 다룰 수도 없지요.

문법, 어법, 듣기, 독해처럼 문제가 쉽게 분류되는 영어나 국어와는 다르게 수학은 아이가 약한 부분이 어디인지 명확하게 눈에 보이지 않기에 이해는 합니다. 이럴 때, 아이가 문제를 풀이하는 습관을 잘 살피면 힌트를 얻을 수 있습니다.

이론(개념) 학습이라고 하면 유형 풀이 연습의 아래 단계라고 생각하는 부모들이 많습니다. 결코 그렇지 않습니다. 이론도 심화가 있습니다. 부모 세대 때부터 내려오는 〈수학의 정석〉 시리즈가 심화 이론서라고 불릴 만하지요.

〈수학의 정석〉을 '가장 낮은 단계 때 시작하는 기초 문제집'이라고 생각하지 않는 것처럼 개념이나 이론에 대한 편견이 혹시 있었다면 지금부터는 편견을 버리기 바랍니다.

아이 유형에 따른 수학 공부

다음은 어떤 아이에게 어떤 공부를 시켜야 하는지 정리한 것입니다. 내 아이가 어떤 상태인지 확인하고, 어떤 공부를 보충해야 하는지 살펴보세요.

이론(개념) 학습을 해야 하는 아이

- "다시 보니까 알겠어요", "답지를 보니까 알겠어요"라는 말을 달고 사는 아이

- 자신의 풀이에 확신이 없고 논리적이지 못한 아이
- 풀이 시, 숫자 몇 개를 나열하여 단순 연산으로 해결하려는 습관을 가진 아이

연산 또는 기초 유형 학습을 해야 하는 아이
- 새로운 이론의 숙지가 잘 안 된 아이
- 수학이 약해서 천천히 단계를 밟아나가고자 하는 아이
- 시험에서 계산 실수나 부등호 바꿔 적기 등 실수가 잦은 아이

유형 학습을 해야 하는 아이
- 이론 학습 후 연습하는 단계가 없었거나 필요한 아이
- 시험에서 시간 부족을 자주 경험하는 아이
- 다양한 변형 문제를 연습하고자 하는 아이

심화 학습을 해야 하는 아이
- 어느 문제집에나 있는 대표 유형은 잘 풀지만 낯선 문제에 약한 아이
- 개념 및 유형의 정답률이 높아 다음 단계 학습이 필요한 아이
- 목표가 높고 학습 의지가 있는 아이

아이들의 상황은 모두 다릅니다. 내 아이가 어떤 부분이 약한지 파악하고, 부족한 부분을 해결하기 위해서 어떤 유형의 공부가 더 필요한지를 체크해야 합니다. 심화 공부는 그다음 문제입니다.

이론을 다룬 문제집도 쉬운 이론서부터 중간 난이도, 심화 난이도의 이론서까지 시중에 많이 나와 있고, 유형서도 마찬가지입니다. 심지어 심화서 역시 '가벼운 심화서'도 존재하며, '매우 어려운 심화서'도 있습니다. 하나 더, 〈수학의 정석 실력 편〉처럼 이론서이면서 심화서라고 볼 수 있는 문제집도 있고, 〈자이스토리〉 시리즈처럼 유형서이면서 심화서인 문제집도 존재합니다. 이른바 하이브리드 문제집들이지요.

더 알아보기

우리 아이 수학 문제집 분류

아래의 표를 보며 아이의 수학 문제집 유형을 분류해 보세요.

이론서	연산서
유형서	심화서

　이론서와 유형서는 필수입니다. 이론서만으로는 충분한 학습이 힘들고, 유형서만으로는 충분한 개념 학습이 어렵습니다. 연산서와 심화서는 필요에 따라 선택하면 됩니다. 위의 유형에 해당하는 문제집이 없더라도 과외나 학원에서 이론을 따로 공부하거나 심화 학습을 하는 개별적 상황을 고려해 주세요. 만약 각 유형별로 여러 권의 문제집이 있다면 난이도별로 나눠 보세요. 비슷한 난이도를 계속 푼다면 더 높은 단계를 시작할 때입니다.

'수포자'를 만들지 않는
수학적 사고력

●

"선생님, 아이가 ○○ 문제집을 푸는데 틀리는 문제가 꽤 많아
요. 좀 더 쉬운 문제집을 추천해 주실 수 있나요?"

"아예 손을 못 댈 정도인가요?"

"열 문제 중에 두세 문제 정도 틀리더라구요."

"딱 좋은 수준인데요?"

"그래도 너무 많이 틀린 것처럼 느껴져서요. 진도도 잘 안 나가
는 것 같고…."

얼마 전 상담을 요청한 지우 씨는 제 대답에 아무래도 믿지 못하

초등 국영수 공부법

겠다는 반응을 보이며 말끝을 흐렸습니다. 아마 지우 씨는 제 만류에도 더 쉬운 문제집을 찾아 아이의 문제집을 바꿨을지도 모릅니다. 그동안 많은 경우가 그랬습니다.

왜 아이들은 교과서 외의 문제집을 풀까요? 남들도 다 푸니까 그럴까요? 아니면 학원에서 교재로 사 오라고 해서 억지로 할까요? 교과서가 아닌 문제집을 푼다는 뜻은 부족한 공부를 하겠다는 말입니다. 아이가 미진한 부분을 익히고 연습하기 위한 것, 바로 부모가 매 학기마다 서점에 가서 새로운 참고서를 사는 진짜 이유이겠지요.

그런데 아이가 모르는 부분을 공부하려고 새로 산 문제집을 폈는데, 다 아는 내용이라서 배울 것이 전혀 없는 경우라면 어떨까요? 혹시나 해서 문제를 모두 풀고 정답을 매겨 봐도 역시나 동그라미 일색입니다. 만약 여러분의 자녀가 이러한 경험을 했다면 아이는 어떤 기분을 느껴야 더 나은 방향으로 나아갈 수 있을까요?

아이는 필요 없는 문제집을 푸는데 중요한 시간을 낭비했기 때문에 기분이 좋지 않아야 합니다. 틀리는 문제가 전체의 10퍼센트도 채 안 되는 문제집이라면 아이는 문제집 한 권을 푸는 시간 동안 배운 게 별로 없어야 하니까요.

어떤 부모는 당장은 기분이 좋았을 지도 모릅니다. 동그라미 가득한 문제집을 보면서 '우리 애는 역시 공부머리가 있어!', '수학을 별로 어려워하지 않네'라고 생각하며 뿌듯할 수도 있습니다. 하지만 (다른 과목도 마찬가지이지만) 특히 수학은 동그라미 개수에 집착하는 순간 진짜 실력이 퇴보하기 시작합니다.

문제집은 맞히려고
푸는 게 아니다

초등 수학에서 중등 수학으로, 중등 수학에서 고등 수학으로 넘어 가면서 많은 아이들은 수포자(수학을 포기하는 사람)가 되고 맙니다. 요구되는 학습량은 폭발적으로 늘어나고 난이도 역시 기하급수적으로 올라가는데 속도를 도저히 따라잡지 못했기 때문이지요.

그런데 난이도가 올라간다는 말, 혹시 어떤 의미인지 아시나요? 아이가 상급 학교로 진학하면서 수학을 어려워하는 이유는 배우는 내용 자체의 어려움도 있지만, 더욱 중요한 사실은 문제를 푸는데 핵심이 연산 능력이나 암기 능력이 아닌 논리력과 사고력으로 변한다는 점입니다. 즉, 저학년 때는 계산이 빠르거나 암기를 잘하거나 문제의 유형을 파악하는 아이들이 우위를 차지하지만 고학년이 될수록 수학 문제는 더 이상 계산이 까다롭게 나오지 않고 '논

초등 국영수 공부법

리적으로 합당한 풀이'를 떠올릴 수 있는지가 중요하지요.

게다가 중학교 때까지는 수학적 논리력을 기르지 않더라도 무작정 많은 문제를 다뤄서 좋은 점수를 받기가 가능합니다. 중학생까지는 수학적으로 배운 내용이 많지 않은 상태라서 한정된 범위 안에서만 문제를 만들기 때문에 가능하지요. 중학교 수학 문제는 꼬아서 내면 목표에서 쉽게 벗어나 버리니까요.

하지만 고등학교에서부터는 통하지 않습니다. 배운 것들이 누적되었기 때문입니다. 예를 들어, 초등학생들은 마이너스 값인 '음수'에 대해 배우지 않습니다. 자연스럽게 출제자들은 모든 계산 과정에서 양수 값이 나오도록 문제를 조정해야 합니다. 제약이 많을 수밖에 없습니다. 이후 중학생이 되면 드디어 음수를 배우지만 여전히 실수 범위 안의 수 개념만을 다루고, 고등학생이 되고 나면 드디어 아이들이 배우는 수 체계는 복소수까지 확장됩니다.

[시기별 수학 개념의 이해 차이]

초등학생		중학생		고등학생
아직 플러스 밖에 모른다!	VS	이제 수직선 위의 수는 안다!	VS	제곱을 했을 때 음수가 될 수도 있음을 이해한다!

이렇듯 배움이 누적되면 문제를 출제하는 선생님들의 자유 역시 늘어나기 시작하지요. 자유가 보장되니 과감하게 새로운 유형을 만들기도 훨씬 쉬워지고 여러 개념을 섞은 단원 복합형 문제도 늘어나게 됩니다. 따라서 상급 학교로 갈수록 아이들은 수학적 사고력을 기르는데 집중적으로 투자를 해야만 수포자가 되는 길을 피할 수 있지요.

동그라미 개수가
실력을 보증하지 않는다

수학적 사고력, 풀이하자면 논리적으로 비약이나 허점이 없고 문제를 해결하는데 필요한 개념의 정의를 완벽하게 이해하며 누구나 납득할 수 있는 단계를 거쳐 풀이하는 능력을 말합니다. 그러면 수학적 사고력은 언제 길러질까요? 수학 교구를 가지고 놀면 되나요? 연산 연습을 열심히 하면 될까요?

이러한 방법들도 도움은 됩니다만 무엇보다 틀린 문제를 붙잡고 계속 고민하는 인고의 시간과 눈물겨운 노력이 중요합니다. 지름길은 없을까 싶어 다른 길을 기웃거리던 아이와 부모들은 처음부터 우직하게 정도(正道)를 걸었던 아이를 결코 앞지르지 못합니다.

그렇기 때문에 문제집의 동그라미 개수에 집착하면 안 됩니다. 아이의 실력에 비해서 쉬운 문제집은 아이에게 생각할 거리를 제공하지 못합니다.

"선생님, 그래도 스무 문제 중에 한 문제 정도는 고민하니까 괜찮은 것 아닌가요?"

아이의 자존감과 사고력을 동시에 키워주고 싶은 부모의 마음은 이해하지만, 정답률이 90퍼센트가 넘는 문제집에서 틀린 문제는 자녀의 수준에 그리 어렵지 않을 가능성이 높습니다. 조금만 고민하거나 해설지를 잠깐만 봐도 충분히 이해가 될 문제입니다. 그러니 아이에게 맞는 문제집을 고를 때는 '이 정도는 조금 버겁겠다'라는 느낌이 드는 문제집을 사는 편이 좋습니다.

"우리 아이는 어려우면 포기하기 때문에 쉬운 것부터 풀어야 해요. 그런 성향이에요."

이렇게 말하는 부모들도 꽤 많이 만났습니다. 하지만 포기를 쉽게 하는 성향과 기질을 가진 아이라면 포기하지 않도록 학습에 대한 생각부터 바꿀 수 있도록 지도하는 것이 첫 번째입니다.

조금만 어려워도 문제가 풀기 싫다며 울고 짜증을 내고 심지어 공부를 거부하는 아이의 잘못된 학습 방식은 그대로 둔 채 단계만 무작정 낮추면 결과는 그리 아름답지 못합니다. 2단계 문제가 어렵다고 시도하지도 않고 포기해 버리는 아이에게 좀 더 쉬운 1단계를 제시했는데, 나중에는 1단계마저 어렵다고 하면 그다음에 아이에게 줄 수 있는 문제집은 없습니다.

잘못된 학습 습관을 교정하지 않는다면 원하는 목표를 이루기 점점 힘들어지고 맙니다. 간혹 '우리 아이는 공부하면서 스트레스를 받거나 힘들지 않았으면 좋겠어요'라는 부모도 봅니다. 좋습니다. 공부가 전부는 아니니까요. 다만, 아이에게 상위급의 결과를 요구하지 않으면 됩니다.

해설지 사용법과
스스로 탐색하는 시간

●

"문제 풀다가 모르는 게 있으면 해설지를 바로 보라고 해도 될까요?"

"해설지는 제가 가지고 있다가 채점한 다음에 다시 풀어오라고 하는데 이게 맞는 방법일까요?"

"누구는 해설지를 보면 안 된다고 하고 또 누구는 해설지를 봐야 한다는데 뭐가 맞는지 모르겠어요."

효율적인 수학 공부법을 논할 때, 해설을 보게 할지 못 보게 할지에 대한 논쟁은 유구하게 이어져 왔습니다.

만약 해설지를 아이가 가졌다고 했을 때, 아이가 막힐 때마다 쉽게 해설을 찾아 풀이 과정을 확인할 수 있다고 합시다. 아이는 아마도 문제를 스스로 생각하는 법을 익힐 수가 없겠지요. 추후 비슷한 어려움에 처하더라도 다시 오답이 될 확률도 높습니다. 완벽하게 문제를 자신의 것으로 만들지 못합니다.

해설지 소유권은
누구에게 있나

반대로 해설지를 터부시하며 부모가 답지를 관리하면서 아이의 채점 과정이나 오답 풀이 과정에 깊이 개입한다고 합시다. 아이는 틀린 문제를 반 강제적으로 왜 틀렸는지 생각하게 됩니다. 하지만 학습 단계마다 부모의 확인이 뒤따르기 때문에 성향에 따라 틀렸다는 사실 자체에 심한 스트레스를 느낍니다. 바로 풀리지 않는 심화 문제는 거부하거나 학습 자체에 흥미를 잃기도 하지요.

이렇듯 해설지의 사용 여부에 따라 단점이 너무나도 극명하기 때문에 부모 역시 고민이 많을 수밖에 없습니다. 다만, 제 의견은 '언제나 해설지는 아이가 가져야 한다'입니다. 부모가 해설지를 관리해도 되는 상황은 자녀와 합의했을 때만입니다. 공부하는 주체는 어떤 순간이라도 반드시 학생이어야 합니다. 착각해서는 안 됩니다. 학습의 결정권은 부모님이 가질 수도 없고 가진다고 하더라도 결과는 불 보듯 뻔합니다.

"넌, 툭하면 답지를 베끼니까 안 되겠어. 오늘부터는 엄마가 답지 가지고 있을 거야. 하루에 두 장씩 풀어서 검사 받아."

엄마가 이렇게 얘기한다면 아이는 어찌되었든 두 장을 풀기는 할 것입니다. 하기 싫어 죽겠지만 안 하면 엄마의 실망한 표정과 꾸지람이 돌아오니 어쩔 수 없이 공부한다는 부정적인 경험과 생각을 쌓아가면서 말이지요. 꾸역꾸역 문제집 두 장을 푼 다음에 엄마에게 가져 가도 아이의 고난은 끝나지 않습니다.

"틀린 문제 고쳐 와. 그냥 모르겠다고 그러지 말고 한 번 찬찬히 생각을 해 보란 말이야. 이거 다 해야 게임할 수 있어!"

만약 아이가 학습 열의가 남아있는 경우라면 제대로 다시 문제를 보며 고민하는 과정을 거칠 것입니다. 하지만 이미 강제로 시작한 학습이라면 그저 '끝내는 것'이 목표인 아이들도 많지 않을까요? 이 문제집 두 장만 어떻게든 다 풀고 나면 게임을 시켜준다고 약속한 경우라면 더더욱 말이지요!

그래서 아이들은 고쳐오라는 엄마의 말에 다시 문제를 읽고 생각하는 시간을 거치는 것을 선택하기보다는 대충 숫자 몇 개를 공책을 끄적거리다가 "도저히 안 되겠다"라며 별표를 치고 시간을 때운 뒤, '이 정도 시간이 흘렀다면 다시 가져가도 되겠지?'라는 판단이 들 때쯤 "엄마, 이건 진짜 모르겠어요"라고 가져옵니다.

만약 이 이야기가 내 아이 이야기처럼 느껴졌다면 지금 당장 학습 방식을 바꿔야 합니다. 지금 아이는 머리 아프게 고민하지 않아도 혼나지 않을 방법을 찾은 것이니까요. 아이가 바르게 수학을 공부하는 자세를 가지길 원한다면 첫 단추부터 수정해야 합니다.

아이가 문제를 고민하며 푼다면 기회다

가장 먼저 할 일은 바로 매일 끝내야 하는 분량에 집착하는 습관을 버리는 것입니다. 물론 매일 정해진 시간을 공부하는 일은 중요합니다. 학습 연속성 측면이나 습관을 기르는 일이니 말입니다. 하지만 단순 연산서를 제외하고 사고력을 요하는 난이도 문제를 푸는 단계까지 왔다면 '매일 몇 장을 푼다'는 약속은 그리 바람직하지 못합니다.

쉬운 문제집도 두 장을 풀어야 하고, 어려운 문제집도 두 장을 풀어야 한다면 당연히 대다수의 어린 아이들은 쉬운 문제집을 선택할 것입니다. 하지만 학부모님들이 원하는 결과는 아니겠지요? 때문에 하루에 공부해야 할 학습량에 대한 기준을 분량으로 잡기보다는 시간으로 두는 편이 좋습니다. 당장은 1시간에 20문제를 풀지 못하는 아이를 보고 심란한 마음이 들기도 하고 빠릿하게 움직이지 않는다고 잔소리하고 싶지만 참으셔야 합니다. 분량이 아닌 시간을 기준으로 학습하는 연습을 해야 아이는 진짜 중요한 '고민하는 시간'을 가지는 일에 익숙해지기 때문입니다.

수학 문제를 푸는 데 고민하는 시간은 사고력을 높이는 거의 유일한 기회입니다. 좋은 선생님의 지도나 소위 '족보'의 중요성을 무시할 수는 없겠지요. 하지만 1순위는 스스로 문제를 어떻게 해결해 나갈지 단계를 세우고 각 단계의 논리적 인과를 정확히 판단할 수 있느냐입니다. 문제를 풀 때 어떤 길을 갈 것인가를 스스로 결정할 수 있는 아이는 어려운 문제를 해결하기 위해 씨름한 순간이 수없이 모여 내공을 기른 아이들뿐입니다. 다음의 자기주도 수학 학습 습관을 들인다면 더할 나위 없겠지요.

[올바른 자기주도 수학 학습의 순서]

1. 분량에 집착하지 않는 마음 가지기
2. 적은 분량이라도 충분한 시간을 들여 고민하기
3. 스스로 생각한 해결 과정을 중간까지라도 적어 보기
4. 해설지 풀이를 통해 내 풀이와 무엇이 다른지 확인하기
5. (필요하다면) 지도 선생님에게 자신의 풀이가 수학적으로 옳은지 확인받기

내신 수학과 수능 수학은
이것이 다르다

●

입시를 목전에 둔 아이들이 수학을 공부할 때 가장 처음 만나는 갈림길이 있습니다. 갈림길은 바로 수능 수학을 목표로 준비할 것인지, 내신 수학을 목표로 준비할 것인지입니다. 그렇기에 수능 수학과 내신 수학이 같은 방향에 있는지 파악하는 것이 우선입니다.

안타깝게도 대다수의 평범한 고등학교에서는 내신 대비만으로는 수능 대비가 어렵습니다. 특히, 수학 과목은 더욱 그렇습니다. 수능 대비를 위해서 부모들이 먼저, 바뀐 수능 수학을 이해할 필요가 있습니다.

[수학 수능의 변화]

공통 수학	선택 수학
수학 I + 수학 II	미적분 / 확률과 통계 / 기하 중 택 1
22문제 74점	8문제 26점

문이과 통합 수능이 시행되면서 아이들이 치르는 수능 수학은 총 3과목이 되었습니다. 〈수학 I〉과 〈수학 II〉는 수능을 치르는 모든 아이들이 동일하게 치르는 공통 수학이고, 수능 원서를 쓸 때, 〈미적분〉, 〈확률과 통계〉, 〈기하〉 중 가장 자신 있는 과목을 더 추가로 선택해 총 100점이 됩니다.

다시 말하면, 아이들은 자신이 선택할 선택 과목 1개를 포함해서 총 3개의 수학 과목을 집중적으로 공부해야 수능에서 좋은 성적을 기대할 수 있겠지요. 하지만 최근 고등학교에서는 자신의 진로에 따라 과목을 선택할 수 있는 고교학점제 도입을 준비하면서 과목이 매우 세분화된 상태입니다. 교육부는 고교학점제가 본격 시행되는 2025년부터는 과목 이름이 바뀌거나 더욱 다양한 과목이 개설될 수 있다고 합니다.

[수학 과목의 세분화]

수학	수학 I	수학 II	미적분	확률과 통계	기하
경제수학	수학과제탐구	실용수학	인공지능 수학	심화수학	고급수학

위의 표는 2022년 기준 고등학교에 개설될 수 있는 수학 교과목입니다. 이 중에 수능 수학 과목에 포함되는 과목은 고작해야 절반인 5과목에 불과합니다. 〈수학〉은 고등학교 1학년 때 배우는 교과목으로 수학(상), 수학(하)로 나누어져 있습니다. 수학 상, 하를 1년 동안 배우는 셈입니다.

수능 수학 공통 과목인 〈수학 I〉과 〈수학 II〉는 보통 2학년 때 개설됩니다. 대부분 〈수학 I〉은 2학년 1학기 과목으로, 〈수학 II〉는 2학년 2학기 과목으로 편성합니다. 학교에 따라서는 〈수학 I〉과 〈수학 II〉를 모두 2학년 1학기 때 배우는 학교도 있어서 어느 정도 차이는 있습니다.

내신에만 등장하는 과목이 중요한 이유

문제는 수능 선택 과목인 〈미적분〉, 〈확률과 통계〉, 〈기하〉를 언제 배우느냐 하는 것입니다. 많은 학교들은 3학년 1학기가 되어서야 수능 선택 과목인 해당 과목들을 배웁니다. 그런데 아이들의 과목 선택권을 보장하기 위해서 다양한 교과목을 개설하는 학교들은 추가로 〈경제 수학〉이나 〈실용 수학〉, 〈인공지능 수학〉 같은 과목들도 2~3학년 학기 중에 동시에 개설하기도 합니다.

즉, 한 학기에 아이들이 배워야 하는 수학 과목은 수능과 연계되는 과목뿐만이 아니라는 뜻이지요. 오로지 내신에서만 등장하는 과목도 있습니다. 수능에 나오지 않는다고 해서 이 과목의 중요도가 떨어지지도 않습니다.

진로맞춤형 교육 과정이라는 이름에서도 알 수 있듯 상경 계열을 희망하는 학생이 〈경제 수학〉을 선택하거나 컴퓨터공학을 전공하고자 하는 학생이 〈인공지능 수학〉을 선택한다면 학생부에

[진로 선택 과목의 정의]

○ 일반 선택과목보다 심화된 과목으로 자신의 진로에 맞게 원하는 과목을 선택하여 수업을 듣게 됨.

○ 3등급 성취도 평가로 점수를 매기며 A등급(80점 이상), B등급(60점 이상~80점 미만), C등급(60점 미만)으로 구분 됨.

○ 일반고등학교에서 '전문교과'에 속한 과목이 개설 될 경우, 진로선택과목과 동일하게 적용하여 등급을 내지 않고 3등급 성취도 평가만 진행함. 예) 경제수학, 기하, 물리 II, 화학 II, 고전 읽기, 영미문학 읽기, 여행지리 등

관련 활동을 추가로 더 기록할 수 있기 때문에 경쟁자들에 비해 더욱 질 좋은 학생부를 보유할 수 있게 되지요. 이를 통해 명문 대학에 진학하기 더 유리한 위치를 차지할 수 있습니다.

이를 노리고 일부로 과목 선택이 자유로운 고등학교를 선택하여 정시보다 수시를 노리는 학생들도 많습니다. 하지만 여러 과목을 동시에 배우다 보면 자연스럽게 한 과목에 투입할 수 있는 시간과 노력은 줄어듦이 분명합니다. 이는 평범한 아이들이 수능을 점점 더 어렵게 여기는 원인이 되고 말았습니다. 게다가 수능 과목이면서 이과 계열 학생들이 내신 과목으로도 많이 배우게 되는 〈기하〉는 더욱 문제가 많습니다.

〈기하〉는 많은 학생이나 학부모님들이 생각과 달리 9등급제에 적용되는 과목이 아닙니다. 적어도 내신에서는 말이지요. 쉽게 이야기하면 〈기하〉라는 과목을 학교 내신 시험에서 치를 때는 등급이 존재하지 않고, 80점을 넘으면 모두 A, 60점을 넘으면 모두 B, 60점 미만은 모두 C를 받는 3등급 절대평가 과목으로 분류되어 있습니다.

절대평가 과목이기 때문에 다른 고등학교 교과목과는 다르게 아이들을 등수별로 줄을 세워야 될 필요가 없어졌습니다. 실제로 〈기하〉 내신 시험은 다른 과목에 비해 매우 쉽게 출제되는 경향이 있습니다. 아이들은 자연스럽게 〈기하〉는 어려운 과목이 아니라고 여기지만 수능에서 출제되는 〈기하〉는 사정이 좀 다릅니다. 수능 수학은 9등급제 성적 편제라서 당연히 난이도가 올라가기 마련입니다. 〈기하〉를 내신처럼 쉽게 생각하고 선택한다면 낭패를 보겠지요.

〈미적분〉이나 〈확률과 통계〉는 또 어떨까요? 많은 학교들은 3학년 1학기 과목으로 〈미적분〉이나 〈확률과 통계〉를 배정합니다. 학생들은 당연히 내신 과목이면서 동시에 수능 과목인 미적분이나 확률과 통계를 겨울방학 동안 집중적으로 공부하겠지요. 자연스럽게 2학년 때 배운 〈수학 I〉과 〈수학 II〉는 뒷전이 되고 말지요. 하지만 앞의 수능 배점을 한 번 살펴볼까요? 공통수학인 〈수학 I〉과 〈수학 II〉를 합친 배점이 무려 74점입니다. 수능에서 좋은 성적을 받기 위해서는 선택 과목보다 공통 과목이 우선되어야 한다고 전문가들이 입을 모으는 이유가 바로 이것 때문이지요.

그러나 학생들 입장에서는 당장 코앞으로 다가온 내신 공부가 우선이지 10개월 정도 남은 수능 때문에 내신 공부 시간을 빼서 시험도 치르지 않는 수학 과목에 집중하기는 꽤 어려운 일입니다. 도저히 능률이 오르지 않지요.

교육 체계와
입시 현실의 엇박자

결국 아이들이 수능에 집중할 수 있는 시기는 3학년 1학기 기말고사가 끝나는 7월 말부터입니다. 이미 〈수학 I〉과 〈수학 II〉는 손을 뗀지 8개월 이상 지난 시점이지요. 그래서 내신 공부와 수능 공부는 다른 영역이라고 이야기합니다.

만약 자녀가 명문 고등학교에 다니고 있거나, 소위 '정시파'라고 분류되는 고등학교에 재학 중이라면 별로 문제되지 않습니다. 정시, 그러니까 수능으로 유독 대학을 잘 보내는 일부 고등학교들은 2학년 때 이미 〈수학 I〉, 〈수학 II〉는 물론이고 수능 선택 과목까지도 모두 진도를 끝냅니다. 3학년 때는 〈수학 과제탐구〉, 〈실용 수학〉, 〈심화 수학〉 같은 과목들을 개설해 두고 실제 수업은 수능 기출문제나 EBS 교재로 수능 대비 수업을 하고 있지요.

분명 교육부가 원하는 그림은 아닙니다. 그렇지만 '진로 맞춤형 교육 과정'이라는 교육 체계와 수능이라는 입시 현실이 엇박자를 내었기 때문에 학교들은 아이들을 위해 선택해야 하는 상황에 몰렸고, 이런 꼼수가 등장했지요. 이를 바로잡기 위해서는 교육 체제와 입시가 한 목소리를 내는 수밖에는 없습니다.

수학 머리는
초등 때부터 만든다

●

우리는 수학을 두고 흔히 '위계가 확실한 과목'이라고 합니다. 위계가 정확하다 함은 배움에 순서가 존재한다는 말과 같지요. 양수의 개념을 알아야 음수를 이해할 수 있듯 더하기의 개념을 알아야 곱하기도 가능합니다. 일차함수를 알아야 삼각함수도 하고, 넓이를 알아야 부피를 구하지요. 수학은 이처럼 위계가 확실한 과목입니다.

그런데 우리나라 공교육에서는 복습 과정이 따로 없습니다. 전 학년에 배운 내용을 다시 한 번 친절하게 상기시켜 주는 수고를 하지 않지요. 고학년으로 갈수록 수포자들이 우후죽순 늘어나는 이

226

유가 바로 이러한 수학의 두 가지 특징 때문입니다.

　예를 들어 보겠습니다. 우리나라의 현재 교육 과정에 따르면 아이들은 중학교 1학년 때 함수의 뜻과 개념에 대해서 처음 배우게 됩니다. 그다음 중학교 2학년이 되어서야 드디어 일차함수를 배우고 계산을 할 수 있게 되지요. 중학교 3학년이 되면 이차함수까지 배우고 고등학교에 올라가 유리함수, 무리함수, 지수함수, 로그함수, 삼각함수 등등 줄줄이 대기 중입니다. 바로 이것이 중·고등 교육 과정에서 존재하는 함수의 순서입니다.

　문제는 중학교 3학년 때 이차함수를 가르치는 수학 교과서가 중학교 1학년 때 배운 함수의 기본 개념에 대해 다시 설명해 주지 않는다는 사실입니다. '이 정도는 1학년 때 다 배운 거니까 기억하지? 알고 있다는 전제 하에 설명'한다는 것이 기본 입장입니다.

　상황이 이렇다 보니 중학교 1학년 때 개념 공부가 제대로 안 되었거나 잊어버렸거나 또는 중학교 1학년 때는 좀 놀다가 2학년 때부터 정신을 차리고 공부한 아이라면, 당연히 이차함수가 외계어처럼 들리는 일이 벌어지겠지요.

　현재 많은 학교들은 중학교 1학년 입학과 동시에 자유학기제를 시행하고 있는 상태라 지필고사를 치지 않습니다. 지필고사를 치지 않으니 다수의 학생들은 굳이 공부를 열심히 할 필요를 느끼지

못하고 있지요. 이때, 공부를 안 했던 아이는 중학교 2학년, 3학년
을 넘어 고등학교 때도 계속해서 발목을 잡히는 것입니다.

대충 넘어간 개념에
붙잡히는 발목

수학이 어려워진 학생들이 "엄마, 나 수학이 너무 어려워. 학원
보내 줘"라고 이야기해도 수학의 위계성에 대해 크게 생각하지 않
았던 부모는 중학교 3학년 딸의 수학 문제가 그저 수학이 어려워
서라고 생각하지, 중학교 1학년 때부터 놓친 단원 때문이라고 생
각하기는 쉽지 않습니다. 결국 꼬인 실타래를 제대로 풀지도 못하
고 엉킨 채로 계속 실을 감아 나가니 수학을 잘하게 될 리 없지요.

그래서 중학생 자녀의 입에서 '수학이 너무 어렵다', '나는 수학에
소질이 없나봐', '난 이과 머리가 없어' 같은 말이 나오는 것이지요.
이렇게 되지 않으려면 초등학교 때부터 놓치는 개념이 없도록 관
심을 가지고 지켜 봐야 합니다.

간혹 "아이가 어렸을 때는 좀 놀리고 공부는 나중에 시킬 생각이
에요"라고 말하는 부모도 있지만 아이가 놀더라도 꼭 확인해야 하
는 것은 확인해야 합니다. 그래야 나중에 본격적으로 할 마음이 들

어 달려 보려고 할 때 운동화라도 좀 갖춰 신고 뛰지 않겠습니까?

저학년부터 교과 학습 학원을 보내면서 단원평가 고득점을 목표로 공부해야 한다는 뜻은 절대로 아닙니다. 다만, 매 학기별로 새롭게 등장하는 기본 개념들을 중심으로 아이의 학업에 구멍이 나지 않도록 체크하는 일은 꼭 필요하다고 말하고 싶습니다.

더 알아보기

수학 개념 이해도 진단

아이가 개념을 이해하는지 확인하는 확실한 방법은 구술 테스트입니다. 어렵게 생각하지 말고, 아이의 문제집이나 교과서의 단원별 첫 장을 보고, 새로 등장한 단어를 살펴보세요. 이 단어의 뜻을 아이가 말로 정확하게 표현할 수 있는지 확인해 보세요.

새로 나온 개념	개념 확인 질문
사다리꼴 (초등 4학년)	Q. 사다리꼴의 정의는? A. 평행한 변이 적어도 1쌍이 있는 사각형
	Q. 정사각형은 사다리꼴인가? A. 그렇다.
공약수 (초등 5학년)	Q. 공약수의 정의는? A. 두 수의 공통된 약수(약수는 어떤 수를 나누어 떨어지게 하는 수)
	Q. 30과 42의 공약수는? A. 1, 2, 3, 6
백분율 (초등 6학년)	Q. 백분율의 정의는? A. 기준 하는 양을 100으로 했을 때 비교하는 양의 비율
	Q. 20명 중 6명이 손을 들었다고 했을 때, 손 든 학생의 백분율은? A. 30퍼센트

시기별 수학 공부의 목표

1. 유치원생 때

반드시 숫자를 가르치겠다거나 덧셈과 뺄셈을 초등 입학 전에 떼겠다는 목표는 추천하지 않습니다. 수학의 기본적인 개념을 생활 속에서 알려 주는 것이면 충분합니다.

길고 짧음, 높고 낮음, 많고 적음, 넓고 좁음 등의 개념을 배워서 길이, 높이, 수량, 넓이 등을 알고 있다면 유치원생에게 주어진 일은 끝이 납니다. 이때, 아이가 흥미를 가진다면 교구 활용도 좋은 선택이나 반드시 교구를 구입할 필요는 없습니다. 생활 속에서 개념을 익혀 주시면 됩니다.

2. 초등학생 때

연산은 중요합니다. 하지만 연산을 빠르게 하기 위해 수십 장씩 반복해서 문제를 풀게 하는 방식은 아이를 수학과 멀어지게 하는 원인이 될 수 있습니다.

연산보다 중요한 것은 문제 해결력을 기르는 것이고, 이를 기르기 위해서는 해설을 쓰는 연습이 필요합니다. 풀이 과정이 간단하다고 숫자 몇 개 대충 적고 답을 내는 아이는 고등학교 입학 이후에도 문제 뜻을 이해할 생각도 하지 않은 채, 문제에 나온 숫자를 모두 더하거나 곱하는 아이로 성장하는 불상사가 일어날 수도 있습니다.

3. 중학생 때

아이가 심화 학습에 도전해야 할 시기가 찾아왔습니다. 초등부까지는 아직 아이가 배운 수학 개념 자체가 많지 않기 때문에 심화 문제라고 하더라도 계산이 복잡하거나 IQ 테스트 형식으로 변질된 문제들이 많아 굳이 최상위 문제까지 반드시 풀릴 필요는 없습니다.

중학교 입학 이후에는 입시를 대비하여 미리 심화 난도 문제에 접근하는 연습과 풀이를 고민하는 습관을 기르도록 준비해야만 합니다. 선행은 그러고도 시간이 남으면 하는 것이지 결코 필수가 아닙니다.

4. 고등학생 때

문과 계열 학과로 진로를 정할 것인지 아니면 이과 계열 학과에 진학할 것인지를 결정해야 합니다. 그래야만 과목 선택이 가능합니다.

만약 아이가 이과 계열 학과로 진학할 경우에는 수능에서 〈기하〉와

미적분 중 선택이 가능하기 때문에 둘 중 어떤 과목이 아이와 더 잘 맞는지도 확인해야 합니다. 공간 감각이 좋은 아이들은 기하를 더 좋아하는 편이지만, 학교에 따라서는 개설이 되지 않는 경우도 있기 때문에 주의해 주세요.

6장

"아이의 역량을
키우는 부모 전략"

새 시대 우등생을 위한 조력

아이와 마음의 거리를
좁히는 대화법

"선생님, 밤늦게 죄송해요. 혹시 저희 아이 아직 집으로 안 갔나
요?"

"네? 민규 아까 수업 마치고 바로 나갔는데요. 아직 집에 도착을
안 했나요?"

밤 10시에 학원 수업을 마친 아이는 그날 밤, 11시가 다 되어가
도록 집에 들어가질 않았습니다. 걱정되는 마음에 아이 휴대폰으
로 전화를 걸었지만 전화기는 꺼져 있었습니다. 같은 반에서 수업
을 듣는 아이들에게 넌지시 혹시 너희 아직 밖이냐고 물어 보았지

만 다들 모르는 눈치였습니다. 일개 학원 선생인지라 아이에게 집에 들어가면 연락하라는 메시지를 보내는 것 말고는 할 수 있는 일이 없었습니다. 민규는 기어이 자정을 넘겨 집에 들어갔고 '무슨 일이 있냐'는 부모의 걱정과 꾸지람에도 끝내 입을 열지 않았다고 합니다.

반면, 문제 행동은 아니지만 부모님의 질문에 도통 답을 하지 않는 아이들도 많습니다.

"선생님, 애가 시험 결과를 말을 안 해 주네요. 물어 봐도 답도 안 하고요. 혹시 선생님한테는 이야기를 좀 하던가요?"

직접적으로 반항하지는 않지만 입을 꾹 닫고 부모님과 대화하는 자체를 거부하는 아이들이지요. 이유 없는 반항을 하는 사춘기 시기라서 그렇다고 넘기자니 정도가 좀 셉니다.

대화가 '불통'하면 성적에 '불똥'이 튄다

부모 교육을 위한 강의를 할 때, 입 닫는 아이들이 꽤 많다고 이야기하면 "혹시 시험 결과가 좋지 않아서 혼날까 봐 이야기를 안하는 거 아니에요?"라고 되묻는 부모도 있습니다. 그렇지 않습니다. 예시로 든 민규만 하더라도 원 점수가 두 배 가까이 오르면서 중위권에서 최상위권이 된 터라 학원 문을 열고 들어오면서부터 이미 의기양양했지요. 자신이 해 냈다고, 말하고 싶어 입이 근질근질한 상태였으니 말입니다.

저학년 자녀를 둔 부모들은 이 상황을 도저히 이해하기 어렵지요? 성적이 좋았고, 아주 대단한 변화가 있었는데 왜 집에서 입을 다물고 성적이 올랐다, 내렸다 말도 하지 않았던 것일까요?

이에 대해 답하기 전에 우리는 부모와 대화를 거부하는 아이를 이해할 필요가 있습니다. 아이라고 부모와 감정적 교류를 하지 않는 것이 편할까요? 그럴 리 없습니다. '집에 가기 싫다', '집에만 가면 숨이 막힌다', '엄마 아빠랑은 대화가 안 된다'라고 말하는 10대 아이들 역시 부모만큼이나 얽힌 실타래를 풀고 싶은 마음은 굴뚝같습니다.

아이들도 바깥에서 학교와 학원이라는 나름의 사회생활을 하고 나면 안전한 울타리인 가정에서 보호받고 휴식을 취하고 싶어 합니다. 이와 반대로 어떤 아이는 집이 결코 편안한 휴식처가 되지 못하기도 하고요.

집이 안정되지 못하면 공부가 손에 잡힐 리 없습니다. 아니, 애초에 우리 아이가 요즘 뭘 좋아하는지, 어떤 고민이 있는지도 모르고 하루에 말 한 마디 제대로 나누지 못하는 관계라면 시험 문제 몇 개 더 맞는다고 무슨 의미가 있겠습니까? 다시 강조합니다만, 성적 이전에 아이의 마음이 편안해야 합니다.

아이는 부모의 '아랫사람'일까?

부모자식 관계가 불편한 경우를 잘 살펴보면 일방적인 대화 패턴이 자주 사용됩니다. 대화는 말을 주고받는 행위지만 일부 부모들은 자녀를 동등한 관계로 인정하지 않고 언제나 자신의 말을 들어야 하는 아랫사람으로 여깁니다. 그러니 말을 주고받을 필요도 없습니다. 말은 '내가 하는 것'이고 자녀는 내가 하는 말을 '잘 들으면' 된다고 생각하지요. 만약 아이가 자신의 말에 반박을 하거나 스스로의 의견을 제시하면 그저 말대꾸, 또는 변명으로 취급하며 왜 그런 생각을 가졌는지 말할 기회조차 주지 않습니다.

이런 패턴이 반복적으로 학습된 아이들은 어느 순간부터는 부모와 대화하지 않고, 부모가 무슨 말을 꺼내도 눈을 아래로 내리깔고 고개를 끄덕이거나 딴 생각을 하지요. 나중에서야 자녀의 이야기를 듣고 싶어진 부모님이 진솔하고 화기애애한 대화를 꿈꾸며 말을 걸어보지만 이미 버스는 떠나고 난 뒤입니다.

이 단계에 도달하고 말았더라도 아이의 마음을 이해하고자 노력한다면 관계는 분명 달라질 수 있습니다. 하지만 안타깝게도 많은 가정에서는 '아랫사람'인 자녀가 '윗사람'인 부모의 말을 귓등으로 듣거나 무시한다며 설교를 시작하거나 화를 낼뿐입니다.

아이들은 말합니다.

"말을 하랬다가 하지 말랬다가 대체 어떤 장단에 춤을 추라는지 모르겠어요."

미국에서 이혼한 부부 3,000쌍을 40년 간 연구한 심리학자 존 가트맨 박사는 인간 관계를 확실하게 망치는 대화 패턴을 발견했습니다.

예를 들면 이런 것입니다.

"휴일이면 애들이랑 좀 놀아주고 그러지 만날 소파에 누워서 TV 만 봐?"(비난)

"아니, 또 내가 뭐 TV만 봤다고 그래. 그런 당신도 계속 유튜브 봤잖아!"(방어)

"어휴, 정말 지겨워 죽겠어! 남들은 다들 주말마다 캠핑이다 뭐다 난리던데."(경멸)

"뭐? 아, 됐다, 됐어. 더러워서 안 본다, 그래!"(담 쌓기)

비난, 방어, 경멸, 담 쌓기로 이어지는 4가지 대화 패턴의 가장 큰 문제점은 정작 갈등의 원인에 주목하기보다는 부정적 감정만 증폭한다는 데 있습니다.

아내는 TV를 보는 남편에게 상처를 주려고 했던 의도는 아니었을 것입니다. 마침 날이 좋으니 아이들과 함께 외출해서 가족 간에 추억도 쌓고 즐겁게 하루를 보낼 수 있을까 해서 제안하고 싶었던 것일 테지요.

남편도 아내가 휴대폰으로 유튜브를 본다고 뭐라 할 생각은 없었을 것입니다. 하지만 본인의 'TV 시청'이라는 행동이 공격을 받으니 반격을 할 수밖에 없었겠지요.

이런 방식으로 부정적 감정을 주고받으면 누구나 상대에 대해 감정적으로 거리를 둘 수밖에 없습니다. 나를 비난하고 무시하는 사람과 친하게 지내고 싶은 사람은 존재하지 않으니까요. 아이들이라고 다르지 않습니다.

비난	"너 숙제는 다 하고 노는 거야? 그놈의 컴퓨터, 확 그냥 갖다 버리던가 해야지!"
방어	"컴퓨터 한 지 이제 30분밖에 안 됐어요. 그리고 숙제 거의 다 했단 말이에요. 엄마는 알지도 못하면서 맨날 화부터 내고..."
경멸	"뭐? 30분? 30분이 적어? 그리고 네가 처음부터 똑바로 했으면 엄마가 이렇게 잔소리를 해? 나도 잔소리 안 하고 싶어!"
담 쌓기	"아, 알았어요. 끄면 되잖아요."

부모는 그저 숙제 검사를 하고 싶었을 것입니다. 숙제를 다 하고 노는지, 만약 그렇지 않다면 컴퓨터를 끄고 할 일부터 하라는 이야기를 하려고 했겠지요. 하지만 아이의 대답을 듣기도 전에 인격적인 비난부터 퍼부었습니다. 대답이 고울 리 없습니다.

인격적인 비난에 아이는 되받아치기로 응수합니다. 부모가 했던 말처럼 숙제는 했고, 컴퓨터를 시작한 지 30분밖에 되지 않았다는 사실에 부정적 감정을 얹어서 말이지요. 이 악순환의 스타트를 끊은 사람은 부모지만 아이의 변명과 책임 떠넘기기를 받은 부모는 다시 한 번 꼬투리를 잡습니다. 마침내 아이는 대화를 이어나갈 어떤 요인도 발견하지 못합니다.

혈연으로 묶인 부모 자식 사이라도 강한 친밀감은 절로 생기지 않습니다. 부정적 감정을 주고받는 대화로는 관계를 개선할 수 없지요. 불화를 부르는 대화의 방식을 바로잡고 감정의 거리를 좁혀야 아이들의 입이 열립니다.

더 알아보기

#갈등을 줄여 주는 '나 전달법(I message)'

대화를 할 때 첫머리를 '너'가 아닌 '나'로 바꾸기만 해도 부정적 감정의 전달은 줄이고 하고자 하는 말을 충분히 건넬 수 있습니다. '너'로 시작하는 대화는 명령, 지시, 비난으로 흐르기 쉬우나 '나'로 시작하는 대화는 말하는 사람의 감정과 상황을 전달하기 때문에 부정적 감정을 줄여 줍니다. 또한 나 전달법과 권유하는 말하기를 동시에 사용한다면 전달하고자 하는 메시지를 완곡하게 표현해 듣는 사람의 역할 수행 능력을 촉진하는 효과가 있다고 알려졌습니다.

너 전달법(You message) + 지시하는 말하기	나 전달법(I message) + 권유하는 말하기
너, 엄마가 그거 하지 말라고 했지! 위험하다고 몇 번을 말 해.	나는 네가 그거 안 했으면 좋겠어. 엄마는 네가 다칠까봐 걱정 돼.
철수 너 학원 숙제 다 했어? 가져와 봐.	아빠는 철수 학원 숙제했는지 궁금한데 가져와 볼래?
너 어디 갔다가 이제 와? 시간이 몇 시야!	엄만 네가 늦게까지 안 와서 너무 걱정됐어.

아이의 공부체력을
제대로 기르려면

●

다이어트를 하다 보면 수많은 유혹이 도사립니다. 세상에는 맛있는 음식이 왜 많을까요? 운동하러 가는 길은 천리 길보다 멀게 느껴지고요. 일주일에 세 번 씩 헬스장에 가서 땀도 빼고 아침마다 샐러드를 먹고 야식도 멀리하지만 살은 더디게 빠집니다. 그래도 첫 주에는 저울의 눈금 변화가 살짝 보여 자신감이 넘칩니다.

'역시 내 방법이 맞았어. 이렇게 한 달만 하면 4킬로그램은 빠지겠지? 석 달이면 12킬로그램, 좀 여유롭게 해도 10킬로그램은 충분히 뺄 수 있겠네!'

초등 국영수 공부법

하지만 2주 차에 접어들면서 간식과 야식의 유혹에도 넘어갑니다. 3주 차에는 외식에 모임도 좀 있고, 그러다 보면 다이어트는 어느새 또 포기하는 반복이 평범한 사람들의 모습일 것입니다.

방해물이 많은
다이어트와 공부

아이들이 공부하는 것도 다이어트 과정과 매우 흡사합니다. 공부를 제대로 해 보겠다고 결심하지만 세상에 재미있는 놀거리는 끊임없고 스스로 책상 앞에 앉아서 문제집을 펴기까지 넘어야 할 산이 너무도 많지요.

처음에는 공부 계획도 짜고 문제집도 바꾸면서 의욕에 찬 상태로 나름대로 열심히 합니다. 하지만 대부분의 아이가 얼마 가지 못해 '난 다 틀렸어!'를 외치며 포기해 버리고 맙니다. 다이어트를 하는 사람이 자신도 모르게 과식을 하고는 '그래, 내가 무슨 살을 뺀다고. 다이어트는 때려 치우자' 하고 치킨을 시켜 먹는 상황과 똑같은 마음입니다.

게다가 공부는 다이어트보다 더 어렵습니다. 아이들이 경험하는 매일은 시험으로 가득하기 때문입니다. 스스로 정한 것도 아니고 강제적으로 치뤄야만 하는 일종의 '인바디 검사'를 해야 하니까요. 학교에서도 하고 학원에서도 하고 나라에서도 합니다.

다이어트를 하는 사람이 아직 준비가 되지 않아서 운동을 더 하고 식단 조절해서 몸의 변화를 검사하고 싶은데, 트레이너가 질질 끌고 가서 억지로 체중계 위에 세우는 것과 마찬가지이지요. 목표치를 달성하지 못했다면 자신도 속상한데 트레이너까지 열심히 하지 않았다고 혼을 내는 상황! 심지어 그런 트레이너가 여기도 있고, 저기도 있는 상황! 아이들이 받는 압박을 살을 빼는 일에 비교했지만, 사실 어른들이 짐작하는 만큼을 뛰어 넘을지도 모릅니다.

살이 빠지는 속도는 사람마다 다릅니다. 기초 대사량이 높은 사람이라면 똑같은 시간을 운동해도 금방 체지방이 빠지고 근육이 붙겠지만 어떤 사람은 기초 체력부터 올려야 하지요. 맨몸으로 스쿼트 자세도 못 잡는 사람에게 스쿼트는 30개씩 5세트를 해야 효과가 좋다고 한들 무릎만 망가질 뿐입니다.

비록 살이 붙었지만 예전에 운동을 했고 체력이 좋고 운동 신경이 있는 사람이라면 남들보다 금방 제자리를 찾습니다. 하지만 운동하지 않고 매번 잘못된 다이어트를 반복해서 그나마 있던 근육마저 사라진 사람은 당연히 몸이 제 컨디션을 찾기까지 오래 걸릴 수밖에 없습니다. 이 시간을 견디질 못해서 다이어트에 좋다는 검증되지 않은 음식을 먹거나 무작정 굶거나 골병이 들 만큼 운동한다면 당장에는 살이 빠지는 듯 보이지만 결코 그 상태를 오래 유지하기란 어렵지요. 그뿐만 아니라 체력은 더 바닥나기 십상이지요.

공부 요요가
오지 않는 계획

공부도 마찬가지입니다. 올바른 방법으로 시간을 충분히 들여야 합니다. 아이가 살이 잘 안 빠진다고 오늘부터 굶으라는 부모는 이 세상에 없습니다. 하지만 아이 성적이 잘 나오지 않는다고 잠을 줄여 공부하라는 부모는 너무 많지요.

아이가 살이 잘 안 빠진다고 검증되지 않은 다이어트 약을 구해와 먹이는 부모는 이 세상에 없습니다. 그런데 옆 동네 누가 효과를 봤다며 전문가들이 말리는데도 2년 치, 3년 치 선행 학습을 하는 것을 자랑으로 삼는 부모는 많습니다.

잘못된 방식에 장기간 노출된 아이의 몸은 서서히 망가져서 학습을 진행하기 어려운 체질로 변한다는 사실을 모른 채 말입니다. 다이어트와 공부의 본질은 같습니다. 정보도 많고 전문가도 많지요. 시장이 크다 보니 그만큼 홍보도 많아서 어떤 정보가 진실인지 아닌지 구분하기도 매우 어렵습니다.

하지만 생각보다 구분은 쉽습니다. 다이어트라면 요요가 오지 않고 몇 년 동안 계속 같은 모습을 유지하는지, 공부라면 목표하던 학교에 합격했거나 원하던 점수를 계속 받는지를 확인하면 간단합니다.

진짜 다이어트나 공부에 성공한 사람의 특징은 바로, 꼼수를 부리지 않았다는 점입니다. 가끔 유혹에 넘어가더라도 얼른 다시 정신을 차리고 꾸준하게 앞을 향해 걸어 나가는 것. 이것이야말로 가장 빠른 방법이고 가장 확실한 방법입니다.

성적이 완만히 오르길
기다리는 마음

●

심리학자인 더닝 크루거(Dunning Kruger)는 학습자의 지식 수준과 자신감의 상관관계를 곡선으로 표현하는 데 성공했습니다. 이 곡선은 '하룻강아지 범 무서운 줄 모른다'나 '벼는 익을수록 고개를 숙인다'와 같은 우리의 옛 속담들과 궤가 같습니다.

이제 막 학습을 시작한 학습자는 자기 과신을 하기 쉽습니다. '해보니까 별 거 아니잖아?', '뭐야? 사실 나 이 분야에 재능이 있었던 건가?'와 같이 섣부른 자신감에 휩싸이기도 합니다. 이 시기를 '무지함의 봉우리'라고 말합니다. 다른 말로는 '무지의 무지-모르는 게 너무 많아서 틀린 줄도 모르는 상태'라고도 하지요.

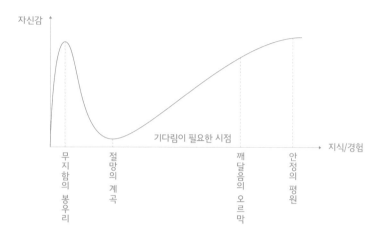

[더닝 크루거 곡선]

자신감

기다림이 필요한 시점

지식/경험

무지함의 봉우리

절망의 계곡

깨달음의 오르막

안정의 평원

이제 막 새로운 단계 학습을 시작했거나 쉬운 난이도의 기본서를 통해 공부한 아이가 '이렇게 공부하면 서울대 가는 거 아니야?'라고 생각하는 것과 마찬가지입니다. 하지만 공부하는 시간이 길어지고 학습의 양이 늘어나며, 난이도가 점차 올라갈수록 아이들의 자신감은 뚝뚝 떨어지기 마련입니다. 아이들은 자신감은 온데간데없이 당장이라도 포기하고 싶은 마음에 휩싸입니다.

이를 절망의 계곡, '무지의 지' 상태라고 합니다. 자신이 잘 모른다는 것, 아직 부족하다는 것을 알게 되었다는 것인데 앞으로 나아가기 위해서는 반드시 거쳐야 하는 과정입니다. 내가 부족하다는 것을 인정해야만 발전할 수 있으니까요. 하지만 안타까운 사실은 매우 많은 학습자들이 절망의 계곡에서 더 나아가지 못합니다. 이제 학습자가 배워야 하고 익혀야 하는 지식은 초심자 때와는 달리 점차 난이도가 올라가고 요구되는 양이 많기 때문에 급격한 성장을 기대하기 어렵기 때문이지요.

배움이 누적될수록 자신감은 상승하지만 여전히 완만한 곡선을 그리며 깨달음이 오지 않지요. 그렇기 때문에 이 단계에서 아이들은 실력이 쌓일 때까지 진득히 기다리기를 어려워합니다. 부모님 역시 마찬가지입니다.

"처음에 진도를 뺄 때는 두 달도 안 걸렸는데 왜 이 문제집을 푸는 데는 석 달이나 걸려요? 저흰 더 빠르게 가고 싶은데요."

초보자에게 알맞은 난이도의 기초 수준보다 심화 난이도가 더 많은 학습량과 시간이 필요합니다. 이는 당연한 이치임에도 많은 부모들은 '진도가 늘어진다는 사실'에 굉장히 큰 스트레스를 받곤 합니다.

아이가 '마음의 고원'을
오르도록

선행 학습이 유행처럼 번지면서 너나 할 것 없이 '더 빨리'를 외치는 세상이니, 부모 혼자 중심을 잡기란 매우 힘든 일입니다. 이해는 합니다. 내 아이의 동갑내기들은 이미 1년 치를 넘어 2년, 3년 치 선행을 하고 있는데 우리 아이만 심화를 한답시고 현행을 붙잡고 있으면 뒤처지고 있다는 생각이 들기 쉬우니까요.

하지만 심화를 제대로 하지 않은 채 진도만 뺀 아이는 입시 경쟁이 본격적으로 심화되는 고등학교 때 발등에 불이 떨어집니다. 고등학교 2학년, 3학년 과정까지 마치고 입학했다는 아이가 고등학교 1학년 단원도 제대로 소화하지 못해서 모의고사는 4등급이 나오고, 학교 부교재로 선정된 문제집도 제대로 못 풀어서 학교 심화반에 선정되지도 못해 좌절하는 케이스가 매년 손으로 셀 수도 없을 정도로 쏟아집니다. 이것을 반면교사 삼아서 우리는 이제 그만 불필요한 경쟁에서 벗어나 아이에게 정말 필요한 것에 집중해야만 합니다.

기다릴 줄 아는 지혜가 필요합니다. 심화 학습을 시작하면서 절망에 빠진 아이가 다시 한 번 마음을 다잡고, 속도는 느리지만 꾸준히 학습량을 채워나가는 그 시간을 기다리는 일! 재촉하지 않고 흔들림 없이 땅에 뿌리를 내어 아이의 뒤를 든든하게 받치는 부모의 단단함이 필요합니다. 그러면 아이는 마침내 '깨달음의 오르막'에 등반하는 데 성공하고 비로소 '안정의 고원'에 안착하게 될 것입니다.

더 알아보기
#권위적인 부모 vs 권위 있는 부모

권위적인 부모와 권위 있는 부모는 언뜻 같아 보이지만 결코 그렇지 않습니다. 권위적인 부모는 눈치를 살피기 바쁜 자녀를 키워내지만 권위 있는 부모는 독립적이고 주체적인 아이를 키워내기 때문이지요. 권위 있는 부모는 무조건적인 관대함을 보여주는 부모보다 오히려 자기 통제력과 자아존중감이 더 발달한 아이로 성장하는데 도움을 줍니다.

권위 있는 부모는 크게 두 가지 특징을 가집니다. 정서적으로 자녀를 지지하고 공감하지만 자유의 한계가 분명하고 확실한 기준을 통해 훈육한다는 점입니다. 이런 양육 방식은 자녀로 하여금 문제 상황에서의 올바른 해결 방법과 사회적 약속, 정서적 안정이라는 세 마리 토끼를 모두 잡을 수 있게 해 줍니다.

초등 국영수 공부법

아이의 공부 스트레스는
어떻게 관리할까?

2020년 건강보험공단의 진료 자료에 따른 '청소년 정신질환 별 환자 수' 통계는 많은 생각을 하게 합니다. 우울증과 불안장애, 스트레스로 인한 적응장애를 호소하는 10대 청소년들은 갈수록 큰 폭으로 늘어나고 있습니다.

상황의 심각성을 인지하고 병원 진료를 받게 된 아이가 2020년 기준으로 8만 5,000명에 육박하는데 정신과 진료에 대한 편견으로 인해 진료를 받지 않는 숨어 있는 아이들의 숫자를 고려한다면 정말로 위험한 단계까지 오고야 만 것입니다.

[10-19세 청소년들의 정신질환 치료 환자 수 통계]

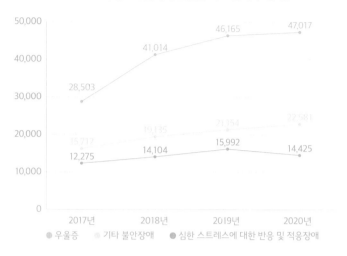

그렇다고 스트레스 상황을 완전히 제거하기도 어렵습니다. 학교
라는 사회 공간과 또래 집단 관계, 학업 문제 등이 복합적으로 얽
혀 있기 때문에 딱 꼬집어서 '이것만 고치면 되겠지'라는 마음가짐
은 문제 해결에 아무런 도움이 될 수 없습니다.

스트레스 관리,
회복탄력성의 중요성

부모들에게 "진로고 학업이고 다 포기하고 행복한 아이로 키우세요"라고 말하는 것이 아닙니다. 행복의 조건이야 사람마다 다르지만, 부모가 할 일은 자녀가 스스로 원한 목표와 미래에 학업이 필요하다면 공부를 계속할 수 있도록 돕는 것입니다.

경찰대를 졸업하고 경찰 간부가 되겠다는 아이에게 '경찰대를 가려면 공부를 잘해야 해. 그러면 힘들잖니. 엄마 아빠는 네가 스트레스를 안 받았으면 좋겠어. 그러니까 공부하다가 못하겠으면 바로 포기해도 괜찮아'라고 이야기하는 것이 정말로 아이를 위한 길은 아니라는 것을 누구나 알 것입니다.

아이의 스트레스 관리는 무조건 힘든 상황을 피하는 것이 아닙니다. 학업을 하고 입시를 겪으면서 슬럼프를 겪지 않거나 스트레스를 받지 않는 아이는 존재하지 않습니다. 슬럼프는 언젠가는 오고야 마는 존재임을 인정하고, 슬럼프가 찾아왔을 때 그 시간을 현명하게 대처하는 아이로 키워야만 합니다.

스트레스 관리에서 중요한 개념으로 '회복탄력성'이 있습니다. 부정적인 상황이나 감정을 겪더라도 금방 원래의 안정적이고 평화로운 심신을 회복하는 능력을 말합니다. 회복탄력성은 감정 통제력, 충동 통제력, 낙관성, 원인 분석력, 공감능력, 자기효능감, 적극적 도전성까지 총 7가지 요인으로 구성됩니다.

[회복탄력성의 7가지 요인]

1. 감정 조절력	스트레스 상황에서 부정적인 감정 소모를 줄이고 긍정적인 마인드를 유지해 나갈 수 있는가?
2. 충동 통제력	순간적인 기분에 따라 행동하지 않고 자율성을 바탕으로 본능을 참을 수 있는가?
3. 자아 낙관성	문제 상황이 발생하더라도 이 상황을 헤쳐 나갈 수 있을 것이라는 자기 믿음이 있는가?
4. 원인 분석력	나를 둘러싸고 발생하는 사건들의 원인과 결과를 정확히 이해할 수 있는가?
5. 공감능력	내 주위 사람들의 감정이나 심리 상태를 이해하고 경청할 준비가 되어 있는가?
6. 자기효능감	문제 발생 시, 적절한 반응과 행동을 할 수 있는가?
7. 도전성	일시적인 실수나 실패에도 포기하거나 두려워하지 않고 목표를 지속해 나갈 수 있는가?

부모는 위의 항목들을 참고하여 우리 아이에게 부족한 부분은 무엇인지 확인하여 고난을 겪게 되더라도 툭툭 털고 웃으며 다시 일어서서 달리는 아이로 성장할 수 있도록 도와주어야 합니다.

초등 국영수 공부법

더 알아보기

회복탄력성을 기르는 습관

1. 아이의 감정을 구체적인 말로 표현하는 연습시키기

(나쁜 예) 영어 숙제 너무 짜증나!

(바른 예) 영어 숙제가 생각보다 많아서 축구를 볼 시간이 없을 것 같아서 불안해.

2. 일상 속 작은 성취 기록하게 하기

(예) 학교 수업 시작 2분 전에 앉아서 교과서와 필기도구 챙기기, 하루에 한 번 이상 자발적으로 발표하기, 하루에 물 2리터 이상 마시기 등

3. 아이와 긍정적인 관계 맺기

(예) 같은 목표를 가진 친구와 이야기 나누도록 하기, 아이를 지지해 주는 부모에게 학교생활에 대해 이야기하도록 권면하기 등

우등생을 키우는 부모의 자세

아이를 양육함에 있어 부모 성향이 매우 중요합니다. 아이와 부모의 기질적 차이를 알아야 부모 자식 간에 불필요한 오해가 발생하지 않습니다. 아이는 부모의 양육 태도와 교육관에 따라 잠재력이 필 것인지 질 것인지 결정되기도 하니까요.

요즘 유행하는 MBTI에 따른 기질 분류에서 T(사고)형과 F(감정)형은 서로가 서로를 이해하는데 어려움을 겪는다고 합니다. 만약 T(사고)형인 부모와 F(감정)형인 자녀가 서로의 기질 특징을 모르는 상황이라면 대화가 어떻게 흘러갈까요?

F형 자녀 : 엄마, 나 오늘 학교에서 시험 쳤는데 너무 어려워서 망했어. 열심히 했는데 속상해.

T형 부모 : 몇 점 받았기에 그래? 어려웠으면 할 수 없지.

F형 자녀 : 그게 아니라 속상했다고. 이번에 진짜 열심히 했는데….

T형 부모 : 다음에 더 열심히 하면 되지. 괜찮아.

가치 판단에 있어 객관적 사실이 중요한 T(사고)형 부모는 '시험이 어려웠다니까 성적이 잘 나오지 않는 건 당연하다'라는데 초점을 맞출 테지만, 관계나 감정을 중요시하는 F(감정)형 자녀는 '열심히 했음에도 기대에 부응하지 못해 속상한 자신'에 공감해 주지 않는 부모에게 서운한 감정을 느낄 수도 있습니다.

비슷하게 DISC 검사에 따르면 목표지향적 성향이 강한 '주도형' 부모와 원리원칙이 우선인 '신중형' 자녀는 서로 우선순위가 다른 탓에 마찰을 일으킬 수 있습니다.

아이에게만 여러 성격 유형 검사를 권하기보다는 부모도 함께 검사하고 결과를 보면서 아이와 공통점과 차이점을 발견해 나가며 이해의 폭을 넓혀가는 것이 좋습니다.

*자녀와 함께할 수 있는 MBTI 유형검사 사이트
https://www.16personalities.com/

○ 나오며

새로운 학교,
새로운 우등생을 위한
준비는 초등부터

아이 공부와 입시에 관심을 가지고 성적 관리를 하려는 부모가 많습니다. 초등학생 내 아이가 자라 중학교에 가고 고등학교에 가면, 기성세대 부모가 20~30년 전 학교에서 배웠던 철 지난 공부법이 이상하게도 그 자리를 차지하게 됩니다. 세상이 바뀌면서 교육과 학교도 바뀌었습니다. 대학도 발맞춰서 바뀐 지 오래되었지만 왜 부모의 눈높이는 그대로일까요?

"우리나라 교육이 바뀌긴 뭘 바뀌어."

"공부 잘하면 만사 오케이지, 진로는 무슨."

새로운 시대, 새로운 학교에서는 교과 능력을 바탕으로 지식을 응용하고 활용할 수 있는 아이가 인정받습니다. 단순히 교과 능력만 높지 않지요.

우리 아이들이 겪어야 할 새로운 교육 환경은 단순히 시험 성적이 좋다고 해서 성공적인 입시 결과를 보장받지 않습니다. '진로 맞춤형', '적성 중심', '개별 학생들의 특성 고려', '학업을 지속해 나갈 수 있는 진짜 역량', '학생주도 수업' 같은 단어들이 실제로 입시에 매우 강력하게 작용합니다. 이런 환경에서 공부의 가장 중요한 기초는 학업을 지속할 수 있는 원동력인 '자기주도적 학업 역량'과 치열한 자기 이해를 수반한 '계열 탐색 역량'이지요.

"그래도 내신 시험 잘 받으면 장땡 아닌가요?"라는 말은 철저히 기성세대의 입시 경험을 토대로 한 선입견에 불과합니다. 이미 2021년 2학기부터 〈인공지능 수학〉이라는 수학 과목이 전국 다수의 학교에서 개설되었습니다. 소프트웨어, 빅 데이터 등의 분야에 관심이 있는 아이들은 고등학교 때 벌써 이런 수업을 선택하여 공부하고, 컴퓨터가 '강아지와 고양이 사진을 어떤 기준을 가지고 구분 하는가'에 대해 토의하고 발표를 합니다.

경제에 관심 있는 아이는 사회과에 속하는 〈경제〉는 물론, 〈경제 수학〉과 〈미적분〉을 과감하게 선택하여 경제학을 공부하기 위한 수학 기반을 닦습니다. 방과 후에는 공동교육 과정이라는 것을 통해 다른 학교로 넘어가 '사회 문제 연구'를 들으며 〈일본의 부동산 버블의 과정과 우리나라 부동산 문제의 차이점〉이라는 탐구보고서를 쓰는 것은 그다지 놀라운 일도 아니지요.

부모들이 생각하는 시험 점수도 물론 중요합니다. 하지만 토론, 연구보고서, 실험 활동, 자유 주제 발표 등의 활동 역시 무시할 수 없는 입시의 중요한 축인데, 이런 이야기를 들으면 '우리 아이들이 너무 불쌍해요'라는 반응이 나올 뿐, 아이들이 이런 활동을 할 수 있는 잠재력이 충분하다는 사실은 깨닫지 못하는 부모들이 많습니다. 올바른 진로 탐색을 바탕으로 논리력, 문해력, 사고력, 창의력 등의 기초 역량을 키워온 아이들은 이런 고등학교의 다양한 활동을 버거워하기는커녕, 누구보다 즐겁고 내실 있는 3년을 보냅니다. 대학은 이런 아이들이야말로 수많은 수험생들 가운데 '진짜 역량이 있는 학생'임을 간파하고 있지요.

그렇기 때문에 초등학교, 중학교 자녀를 둔 부모들은 단순히 '문제집 한 권 더 풀리는' 식의 공부보다 '학습을 바탕으로 한 탐구 능력'을 기르는 공부를 더욱 시급한 문제로 인식해야 합니다.

"입시가 이렇게 바뀌었는지 몰랐어요. 그럼 이제 어떻게 할까요?"

앞서 출간한 《입시를 알면 아이 공부가 쉬워진다》에서 부모들에게 새로운 입시 환경과 교육 환경을 보여드렸습니다. 하지만 여전히 환경의 변화가 주는 본질을 깨닫지 못한 부모들의 질문을 많이 받습니다.

'나무를 보지 말고 숲을 봐야 한다'라는 격언은 입시에서도 마찬가지로 적용됩니다. 이번 책이 바뀐 교육의 본질을 이해하고, 초등부터 우리 아이의 공부 기초를 단단히 세우는 데 도움이 되기를 바랍니다. 문제집 몇 권, 단원평가의 숫자에 사로잡혀 우리 아이의 '진짜 공부 역량'을 바로 잡을 수 있는 중요한 시기를 흘려보내지 마세요. 정말로 중요한 것은 숫자에 나타나지 않습니다.

초중고 입시 전문가가 알려 주는 성적 관리의 비밀

초등 국영수 공부법

© 정영은 2022

인쇄일 2022년 2월 15일
발행일 2022년 2월 25일

지은이 정영은
펴낸이 유경민 노종한
기획마케팅 1팀 우현권 **2팀** 정세림 현나래 유현재
기획편집 1팀 이현정 임지연 **2팀** 박익비 **라이프팀** 박지혜 장보연
책임편집 박지혜
디자인 남다희 홍진기
기획관리 차은영
펴낸곳 유노콘텐츠그룹 주식회사
법인등록번호 110111-8138128
주소 서울시 마포구 월드컵로20길 5, 4층
전화 02-323-7763 **팩스** 02-323-7764 **이메일** info@uknowbooks.com

ISBN 979-11-91104-32-5(13590)